化学工业出版社"十四五"普通高等教育规划教材

应用化学专业实验

陈 伟 郑净植 余军霞 主编

化学工业出版社

·北京·

内容简介

《应用化学专业实验》根据高等学校应用化学专业高年级学生开设专业实验的基本教学要求,在教学实践的基础上编写而成。本教材包括基础型实验、研究型实验以及 Origin 在实验数据处理中的应用等三个部分,以"合成制备-分析表征-性能应用"为主线,内容涉及合成化学、分析化学、物理化学等多个分支,强调实验原理的阐述、操作技能的培养以及数据处理的能力提升。

本教材可供开设应用化学专业实验、综合化学实验等课程的院校使用,作为应用化学以及其他化学相关专业高年级本科生的实验教材。

图书在版编目（CIP）数据

应用化学专业实验 / 陈伟,郑净植,余军霞主编. 北京：化学工业出版社,2025.4. --（化学工业出版社"十四五"普通高等教育规划教材）. -- ISBN 978-7-122-47404-9

Ⅰ. O69-33

中国国家版本馆 CIP 数据核字第 20256YL649 号

责任编辑：汪　靓　宋林青　　文字编辑：杨玉倩
责任校对：王　静　　　　　　　装帧设计：史利平

出版发行：化学工业出版社
　　　　　（北京市东城区青年湖南街 13 号　邮政编码 100011）
印　　装：大厂回族自治县聚鑫印刷有限责任公司
787mm×1092mm　1/16　印张 11¾　字数 288 千字
2025 年 5 月北京第 1 版第 1 次印刷

购书咨询：010-64518888　　　　售后服务：010-64518899
网　　址：http://www.cip.com.cn
凡购买本书,如有缺损质量问题,本社销售中心负责调换。

定　　价：36.00 元　　　　　　　　版权所有　违者必究

前言

实验教学是高等教育中不可或缺的一环，它对锤炼学生的实践技能和激发创新思维起着至关重要的作用。在这一背景下，综合性实验教学的改革成为构建和完善多层次实验教学体系的有效途径。对高等学校的应用化学专业本科生而言，专业实验不仅是必修的实验课程和核心实践环节，而且超越了理论教学的辅助和延伸，成为培养学生创新能力和综合实践能力的重要平台。化学学科发展的日新月异，特别是多学科交叉融合的趋势，为实验教学示范中心的内涵式发展提供了新的方向和动力。

本教材在我校已有实验教材的基础上，结合应用化学专业特色，对一些过时的实验内容进行了淘汰，融入了部分教师的最新科研成果，同时吸收了我校近几年化学实验竞赛的优秀项目。本教材在实验内容的选择上，立足于"环化结合"，注重理工融合和多学科交叉融合的创新。本教材以"合成制备-分析表征-性能应用"为主线，系统地梳理了"四大化学"知识之间的逻辑联系，旨在培养学生分析和解决复杂问题的能力，加强科学思维方法的训练，并提升环保与安全意识及团队合作精神。在内容编排上，本教材分为三大部分，第一部分"基础型实验"旨在巩固学生的化学基础知识和基本操作技能，涵盖了合成、分离、表征等多个环节；第二部分"研究型实验"更加注重学生的创新能力和科研思维的培养，通过一系列设计性、探索性实验项目，鼓励学生自主设计实验方案，解决实际问题；第三部分"Origin在实验数据处理中的应用"则聚焦于实验数据的处理和分析，强调科学严谨的态度和精确的数据处理能力。

参与本书编写的人员包括陈伟（实验9、实验10、实验35、实验42~45）、郑净植（实验2、实验3、实验11、实验13~17、实验19~22）、余军霞（实验28~31）、程新建（实验4~6）、张越非（实验8、实验36、实验39）、张俊俊（实验24、实验26、实验27）、柏正武（实验1、实验18）、王刚（实验12、实验25）、刘东（实验33、实验34）、奚江波（实验40、实验41）、高洪（实验23）、赵慧平（实验32）、万其进（实验7）、骆永莉（实验38）、邱媛（实验37）、曾婷（第三部分），其中实验2由喻德忠和郑净植共同编写。全书由陈伟负责统稿整理。本书的出版得到了武汉工程大学本科生院的大力支持，在此表示衷心的感谢。

鉴于编者水平有限，书中难免存在不足和疏漏，恳请读者提出宝贵意见，以便在实践中不断进行修改、补充和完善。

编者
2024年12月

目录

1　第一部分　基础型实验

实验1　pH敏感高分子的合成与相分离临界pH值的测定 …… 2

实验2　乙酰水杨酸的合成、表征与含量的测定 …………… 6

实验3　苯妥英钠的合成 …………………………………… 10

实验4　常规乳液聚合法制备聚醋酸乙烯酯 ……………… 13

实验5　含菲咯啉结构基元的大分子荧光探针的制备及其对Zn^{2+}和Cd^{2+}的识别 ………………………………………… 14

实验6　基于氟硼二吡咯的大分子荧光化学传感器的制备及其对2,4,6-三硝基苯酚的识别 ……………………………… 18

实验7　化学修饰电极电催化氧化测定饮料中的抗坏血酸 …… 21

实验8　土壤中重金属形态的分析 ………………………… 25

实验9　手性药物酮洛芬的拆分 …………………………… 27

实验10　液相色谱-质谱（LC-MS）法测定诺氟沙星含量 …… 29

实验11　对氨基苯甲酸乙酯的多步骤合成 ………………… 31

实验12　N-苄氧基-2-氯-2-苯乙酰胺的合成与表征 ……… 33

实验13　聚苯胺的制备及表征 ……………………………… 36

实验14　二氧化硅/聚甲基丙烯酸甲酯核壳复合微球的制备及表征 …………………………………………………………… 39

实验15　二茂铁及其衍生物的合成、分离和鉴定 ………… 43

实验16　三价钴配位化合物的合成以及红外光谱表征 …… 46

实验17　铁的草酸盐配合物的制备、分析与性质 ………… 48

实验18　1,2-二苯基乙二胺外消旋体的拆分 ……………… 50

实验19　相转移催化合成外消旋扁桃酸及其拆分 ………… 54

实验20　植物叶绿体色素的提取、分离和鉴定 …………… 56

实验21　纳米TiO_2的制备、表征及光催化性能研究 ……… 61

实验22　多壁碳纳米管的对氨基苯磺酸钠修饰及其对Cu^{2+}的吸附性能研究 …………………………………………… 63

实验 23	四苯基卟啉及四苯基卟啉铜的合成与光谱分析 …………	65
实验 24	1,4,7,10-四氮杂环十二烷-1,4,7,10-四乙酸（DOTA） 中间体的合成与制备 ……………………………………	68
实验 25	插烯迈克尔加成反应合成 2-异丁烯基-3-异丙基-1,5- 二苯基-1,5-戊二酮 ………………………………………	70
实验 26	1-（4-甲苯磺酰基）-2′H-螺[二氢吲哚-2,1′-萘]-2′- 酮的合成与表征 …………………………………………	74
实验 27	1,3-二苯基咪唑-4,5-二羧酸二甲酯的合成与表征 ……	77

第二部分　研究型实验

实验 28	改性甘蔗渣的制备及其对重金属离子的吸附性能 研究 ………………………………………………………	81
实验 29	污泥中重金属的浸出研究 ………………………………	83
实验 30	水铁矿负载甘蔗渣的制备及其对磷酸根的吸附性能 研究 ………………………………………………………	85
实验 31	MIL-101-(Fe)的合成、表征及其对草甘膦的吸附 性能研究 …………………………………………………	89
实验 32	锑掺杂碳酸氧铋的制备及光催化性能测试 …………	92
实验 33	纳米四氧化三铁的合成及其降解性能研究 …………	95
实验 34	基于生物质的多孔碳材料的制备及其电容性能 研究 ………………………………………………………	98
实验 35	水泥熟料全分析 …………………………………………	101
实验 36	离子液体键合硅胶的制备及其对重金属离子的 吸附性能研究 ……………………………………………	104
实验 37	酶促反应动力学综合实验 ………………………………	107
实验 38	水果及其制品中酸度、还原糖及抗坏血酸含量的 测定 ………………………………………………………	112
实验 39	苯甲酸光谱模拟与化学性质的理论分析 ……………	118
实验 40	碳基催化剂对含氮不饱和有机化合物的 催化还原性能研究 ………………………………………	128
实验 41	硝基芳烃的连续流催化还原及反应机理研究 ………	131
实验 42	超高脱乙酰度壳聚糖的制备与表征 ……………………	134
实验 43	纤维素型手性固定相的制备及手性分离 ……………	137
实验 44	紫外-可见分光光度计的设计、装配及氧化钬 溶液紫外-可见吸收光谱的测定 ………………………	140

实验 45 激光拉曼光谱仪的设计、装配及乙醇拉曼光谱
的测定 …………………………………………………… 142

147 第三部分　Origin 在实验数据处理中的应用

一、 Origin 工作界面 ………………………………………… 148
二、 Origin 基本操作 ………………………………………… 150
三、实验数据处理 …………………………………………………… 158

第一部分

基础型实验

实验 1

pH 敏感高分子的合成与相分离临界 pH 值的测定

 实验目的

1. 了解环境敏感高分子的概念和应用以及其相分离临界 pH 值的测定方法。
2. 掌握自由基聚合反应的一般实验技术和高分子的纯化方法。
3. 掌握聚合物特性黏度的测量原理及方法。

 实验原理

1. 环境敏感高分子材料

环境敏感高分子对外界环境的刺激有响应,如 pH 值、温度、离子强度、光、电/磁场发生改变时,这类高分子在亲/疏水平衡以及整体结构上能发生显著的变化,使得它们适于在药物传输体系、化学和生物传感器、组织工程等领域中应用。其中温度敏感和 pH 敏感的高分子研究得最多。从结构上看,环境敏感高分子材料又可分为线型和交联型(如水凝胶)。

(1) 线型环境敏感高分子材料

线型温度敏感高分子的共同之处是它们都有最低临界共溶温度(lower critical solution temperature,LCST),在低于 LCST 时,高分子能溶于溶液中;当高于 LCST 时,高分子又从溶液中沉淀出来,该温度也被称为浊点温度。许多高分子有 LCST,如聚(N-异丙基丙烯酰胺)、羟丙基纤维素、聚脯氨酸等。许多研究者对有 LCST 的高分子进行讨论,探索了 LCST 与高分子结构之间的关系,发掘了其应用。

pH 敏感的线型高分子材料都有一个相分离临界 pH 值,在此 pH 值附近发生溶解-沉淀。合成这种敏感材料常用的单体为含乙烯基的酸或含乙烯基的碱,采用自由基聚合的方法制备这类材料。如果敏感基团为酸性,其临界 pH 值在酸性范围内,当溶液的 pH 值大于临界 pH 值时,材料呈溶解状态,反之,材料从溶液中沉淀出来。如果敏感基团为碱性,其临界 pH 值在碱性范围内,当溶液的 pH 值小于临界值时,材料呈溶解状态,反之,材料从溶液中沉淀出来。适当增加单体的亲脂性,可使聚合物的临界 pH 值向中性移动。

线型环境敏感高分子材料可用作固定化酶的载体或用于免疫分析中,利用其溶解可逆的特性,实现在均相条件下反应、异相条件下分离。

(2) 环境敏感水凝胶

水凝胶是一类交联的高分子,能在水中溶胀并保持一定量的水分但又不溶解。环境敏感水凝胶在外界因素的刺激下表现为溶胀-收缩,其中以温度敏感和 pH 敏感的水凝胶最受青睐。温度敏感的水凝胶也有 LCST,在此温度附近发生溶胀或收缩,而且这一温度与对应的线型温度敏感高分子的 LCST 大致相同。pH 敏感的水凝胶在其临界 pH 值附近发生溶胀或收缩。只要在制备线型敏感材料的反应体系中加入交联剂,就能制备出环境敏感水凝胶。

环境敏感水凝胶的溶胀-收缩的性质,使得其在生物医学工程中得到广泛的应用。首先,环境敏感水凝胶被广泛用作药物及生物大分子的控制释放材料,使药物或起治疗作用的生物大分子按要求进行释放;其次,还可用于酶、抗原或抗体的固定化。如果用来固定酶,则随着水凝胶的溶胀和收缩,酶与底物能实现接触和分离,使酶的活性表现为"开"和"关"。

2. 制备原理

本实验制备 pH 敏感的线型高分子,这种高分子可用于生物大分子的固定化,如用来固定酶等。分子中包含两部分功能团,这两部分功能团的作用:一是用来产生 pH 敏感的相可逆变化,二是用来固定生物大分子。于是设计了丙烯酸、甲基丙烯酸甲酯和顺丁烯二酸酐为单体的三元共聚物。丙烯酸和甲基丙烯酸甲酯结构单元可产生 pH 敏感性,顺丁烯二酸酐结构单元用来固定含有氨基的生物活性大分子。

$$\text{CH}_2=\text{CH} + \text{CH}_2=\overset{\text{CH}_3}{\underset{\text{COOCH}_3}{\text{C}}} + \underset{\text{O}}{\overset{\text{O}}{\bigodot}} \xrightarrow[70\sim75℃]{\text{AIBN,二氧六环}} -[\text{CH}_2-\text{CH}]_x-[\text{CH}_2-\overset{\text{CH}_3}{\underset{\text{COOCH}_3}{\text{C}}}]_y-[]_z$$

3. 聚合物溶液的黏度

分子量或聚合度是聚合物的一个很重要的物理量,通过测量聚合物溶液的黏度,可以得到有关分子量的信息。

高分子溶液的黏度有以下几种定义:

(1) 相对黏度 η_r

相对黏度表示溶液黏度相对于纯溶剂黏度的比值,即 $\eta_r = \dfrac{\eta}{\eta_0}$,其中 η_0 为纯溶剂黏度,η 为相同温度下的溶液黏度。高分子溶液的黏度 η 比纯溶剂的黏度 η_0 要大,因此 η_r 一般大于 1。

(2) 增比黏度 η_{sp}

增比黏度表示相对于纯溶剂来说,溶液黏度增加的分数,即 $\eta_{sp} = \dfrac{\eta}{\eta_0} - 1$。

(3) 比浓黏度

溶液浓度越大,黏度越大。为便于比较,将单位浓度下所表现出的黏度即 η_{sp}/c 称作比浓黏度,其中 c 为溶液浓度,单位为 $g \cdot mL^{-1}$。

(4) 特性黏度

为进一步消除高聚物分子之间的内摩擦效应,将溶液无限稀释。这时溶液呈现的比浓黏度极限值称为特性黏度,即:

$$[\eta] = \lim_{c \to 0} \frac{\eta_{sp}}{c}$$

$[\eta]$ 与聚合物的平均分子量的关系可用半经验关系式表示,即 $[\eta] = KM^\alpha$,这是黏度法测分子量的依据。当聚合物的化学组成、溶剂、温度确定以后,$[\eta]$ 只与聚合物分子量有关。

$[\eta]$ 可由以下两个经验公式求得：

$$\frac{\eta_{sp}}{c}=[\eta]+K[\eta]^2 c$$

$$\frac{\ln\eta_r}{c}=[\eta]-\beta[\eta]^2 c$$

配制几种不同浓度的溶液，分别测定溶液及纯溶剂的黏度，然后计算出 η_{sp}/c 和 $\ln\eta_r/c$，再在同一张图上作 η_{sp}/c 和 $\ln\eta_r/c$ 对 c 的图，两条直线外推至 $c\rightarrow0$，共同的截距即为 $[\eta]$。

测定高分子溶液黏度时，用毛细管黏度计最为方便。当液体在毛细管黏度计内因重力作用而流出时遵守泊肃叶（Poiseuille）定律：

$$\frac{\eta}{\rho}=At-\frac{B}{t}$$

式中，A、B 为黏度计仪器常数；ρ 为液体密度；t 为流经黏度计上、下刻度线的时间。若在稀溶液中进行，则在同一黏度计中黏度之比等于流出时间之比：

$$\frac{\eta}{\eta_0}=\frac{A\rho t}{A\rho t_0}=\frac{t}{t_0}$$

仪器及试剂

仪器：三口烧瓶（100mL），烧杯（100mL），容量瓶（25mL），回流冷凝管，真空抽滤装置，磁力加热搅拌装置，蒸馏装置，傅里叶变换红外光谱仪，乌氏黏度计，恒温槽，紫外-可见分光光度计。

试剂：丙烯酸（CP），甲基丙烯酸甲酯（CP），偶氮二异丁腈（AIBN）（AR），顺丁烯二酸酐（CP），盐酸溶液（1mol·L^{-1}），甲苯（AR），二氧六环（AR）等。

实验步骤

1. 原料处理

丙烯酸、甲基丙烯酸甲酯为化学纯，先用无水硫酸镁干燥过夜，然后减压蒸馏；二氧六环为分析纯，先用氯化钙干燥，再用金属钠丝干燥后备用。

磷酸盐缓冲溶液（pH=7.5）的配制：称取 9.46g 磷酸氢二钠（Na$_2$HPO$_4$）和 4.01g 磷酸二氢钠（NaH$_2$PO$_4$），加蒸馏水溶解，稀释至 1000mL 得 0.1mol·L^{-1} pH=7.5 的磷酸盐缓冲溶液。

2. 合成

将 2.0mL 丙烯酸、2.8mL 甲基丙烯酸甲酯和 1.1g 顺丁烯二酸酐加入 25mL 二氧六环中，再加入 100mg AIBN，通氮气驱除反应瓶中的氧气，缓慢升温，在 70~75℃ 下搅拌反应 4h。冷却，将混合物滴入 40mL 甲苯中，得到白色沉淀。过滤，用甲苯洗涤沉淀，再用尽可能少的二氧六环溶解，用甲苯重新沉淀，过滤，然后用甲苯洗涤。产品经真空干燥，称重，计算产率。

3. 化学结构表征

将干燥的产品用溴化钾压片法测其红外光谱图，指出各主要特征吸收峰的归属。

4. 临界 pH 值的测定

用 25mL 0.1mol·L^{-1} 磷酸盐缓冲溶液（pH=7.5）溶解 0.3g 上述合成的高分子，用 0.1mol·L^{-1} 盐酸调节溶液的 pH 值分别为 2.8、3.0、3.2、3.4、3.6、3.8、4.0、4.2、4.4、4.6，同时用紫外-可见分光光度计观察上述不同 pH 值的溶液在 650nm 处的透光率（T），作 pH-T 的对应图，确定高分子溶解-沉淀相变化的临界 pH 值。

5. 黏度测定

称取 0.3g 干燥产品（精确到 0.0001g）于 50mL 烧杯中，用约 10mL 二氧六环充分溶解后，定量转移至 25mL 容量瓶中，并稀释至刻度，配成聚合物溶液（记为样品 1）。

将清洁干燥的黏度计垂直安装于恒温槽内，使水面完全浸没小球。用移液管移取 10mL 聚合物溶液（样品 1）注入黏度计中，恒温 5min。将溶液引入黏度计测量球的上方，用秒表准确记录溶液流经小球两刻度之间的时间。重复 3 次，误差不得超过 0.2s，取平均值。

用移液管分别移取纯溶剂 5mL、5mL、10mL、10mL，稀释并混合均匀，使溶液浓度分别为原始溶液浓度的 2/3、1/2、1/3、1/4（记为样品 2~4），于黏度计中分别测定溶液流出时间。

将黏度计中的溶液倒出，用纯溶剂洗涤黏度计数遍，采用同样方法测定纯溶剂流出时间 t_0。

结果与讨论

1. 产品称重，确定产率，并讨论影响产率的因素。
2. 对高分子红外光谱进行解析，指出各主要吸收峰的归属，特别要注意酸酐的吸收峰。
3. 将不同 pH 值下对应的透过率 T（%）列表，并作 pH-T 图。从 pH-T 图上确定高分子相变化的临界 pH 值。
4. 将实验结果填入表 1-1，并在同一张图上作 η_{sp}/c 和 $\ln\eta_r/c$ 对 c 的图，两条直线外推至 $c \to 0$，求出 $[\eta]$。

表 1-1　实验数据记录表

实验恒温槽温度 $T=$ _____

样品	浓度/(g·mL^{-1})	测量时间/s				η_r	η_{sp}	η_{sp}/c
		t_1	t_2	t_3	$t_{平均}$			
纯溶剂								
1								
2								
3								
4								
5								

5. 分析影响特性黏度结果偏差较大的原因，并简述测量过程中的注意事项。

思考题

1. 合成过程中为什么要求无水、无氧的条件？在实验中是如何保证的？
2. 在自由基聚合反应完成后，用二氧六环溶解高分子，用甲苯作沉淀剂使之沉淀出来，而且重复 2 次，其目的是什么？

参考文献

[1] 柏正武，卓仁禧. 溶解-沉淀可逆的酶载体的合成及其应用 [J]. 武汉大学学报（自然科学版），1998，44（4）：409-411.

[2] 杜奕. 高分子化学实验与技术 [M]. 北京：清华大学出版社，2008.

实验 2
乙酰水杨酸的合成、表征与含量的测定

实验目的

1. 掌握乙酰化合成乙酰水杨酸的方法。
2. 掌握采用红外光谱表征乙酰水杨酸的方法。
3. 掌握荧光光度法分析乙酰水杨酸含量的原理及操作。
4. 掌握紫外-可见分光光度法及酸碱滴定法分析乙酰水杨酸含量的原理及操作。

实验原理

阿司匹林，化学名为乙酰水杨酸，是一种非常普遍的抗炎药物，有解热镇痛作用，同时还可软化血管。19 世纪末，人们成功地合成了乙酰水杨酸。

在浓硫酸介质中，水杨酸和乙酸酐发生乙酰化反应生成乙酰水杨酸，反应式如下：

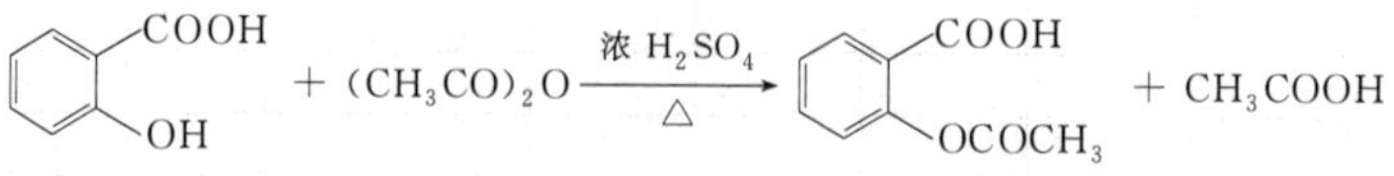

$$\underset{OH}{\underset{|}{C_6H_4}}COOH + (CH_3CO)_2O \xrightarrow[\triangle]{\text{浓 } H_2SO_4} \underset{OCOCH_3}{\underset{|}{C_6H_4}}COOH + CH_3COOH$$

在生成乙酰水杨酸的同时，水杨酸分子之间可以发生酯化反应，生成少量的聚合酯。乙酰水杨酸能与 $NaHCO_3$ 反应生成水溶性钠盐，而副产物聚合酯不能溶于 $NaHCO_3$，这种性质上的差别可用于乙酰水杨酸的纯化。由于乙酰化反应不完全，在产物中可能含有水杨酸，它可以在各步纯化过程和产物的重结晶过程中被除去。与大多数酚类化合物一样，水杨酸可与 $FeCl_3$ 形成深紫色配合物，而乙酰水杨酸因酚羟基已被酰化，不再与 $FeCl_3$ 发生颜色反应，因而未反应的水杨酸很容易被检出。

乙酰水杨酸具有一系列特殊结构，在红外光谱图中可出现多个特征吸收峰。比较产品和标准样品的红外光谱图，同时结合产品的熔点，可对合成的产品进行鉴定。

乙酰水杨酸的分子结构中含有羧基，在溶液中解离出一个质子，故作为一元酸（pK_a = 3.5），用 NaOH 标准溶液直接滴定，以酚酞作指示剂，可分析其含量。乙酰水杨酸为白色针状晶体，熔点为 134～136℃。

由于乙酰水杨酸的乙酰基容易水解，产生乙酸和水杨酸，所以用 NaOH 溶液滴定时，分析结果将偏高。操作中控制温度在 10℃ 以下，在中性乙醇溶液中用 NaOH 标准溶液滴定，可有效防止乙酰基的水解，得到较为理想的结果。

为了测定产品中乙酰水杨酸的含量，产物用稀 NaOH 溶液溶解，乙酰水杨酸水解生成水杨酸二钠，该溶液在 296.5nm 左右有吸收峰，测定稀释成一定浓度乙酰水杨酸的 NaOH 水溶液的吸光度值，并用已知浓度的乙酰水杨酸的 NaOH 水溶液绘制标准工作曲线，则可从标准曲线上求出产物中乙酰水杨酸的含量。

$$\text{C}_6\text{H}_4(\text{COOH})(\text{OH}) + \text{NaOH} \longrightarrow \text{C}_6\text{H}_4(\text{COONa})(\text{ONa}) + \text{CH}_3\text{CHOOH}$$

在醋酸-氯仿介质中，选择特定的激发波长，乙酰水杨酸可发射较强的荧光，在一定条件下，该荧光光谱的荧光强度与乙酰水杨酸的含量呈线性关系，因此，在合适条件下，可用荧光分光光度法测定乙酰水杨酸的含量。

仪器及试剂

仪器：荧光光度计（RF5300），熔点仪（RY-1），红外光谱仪（Spectrum Two），紫外-可见分光光度计（TU-1800），循环水真空泵[SHZ-D(Ⅲ)]，分析天平，水浴锅，电炉，温度计（150℃），圆底烧瓶（100mL），锥形瓶（250mL），布氏漏斗，玻璃漏斗，吸滤瓶，移液管（2mL、5mL、25mL），容量瓶（50mL、25mL），量筒（100mL），烧杯（250mL、20mL），碱式滴定管（50mL），表面皿（9cm），定性滤纸（直径为11cm）。

试剂：水杨酸（CP），乙酸酐（CP），乙酰水杨酸（AR），KBr（AR），硫酸（AR），盐酸（AR），NaOH（AR），乙酸乙酯（AR），95% 乙醇（AR），1% $FeCl_3$ 溶液，饱和 $NaHCO_3$ 溶液，冰醋酸（AR），氯仿（AR），邻苯二甲酸氢钾（KHP，AR），0.1% 酚酞指示剂，冰。

实验步骤

1. 实验相关溶液的配制

（1）0.1mol·L^{-1} NaOH 标准溶液的配制与标定

① 0.1mol·L^{-1} NaOH 标准溶液的配制。用洁净的量筒量取约 3.3mL 饱和 NaOH 溶液，倒入装有约 480mL 蒸馏水的 500mL 试剂瓶中，加蒸馏水稀释至 500mL，盖上橡胶塞，摇匀。

② 0.1mol·L^{-1} NaOH 标准溶液的标定。用差减法准确称取 0.4～0.6g KHP 三份，分别倒入 250mL 锥形瓶中，加入 20～30mL 蒸馏水，加热使 KHP 完全溶解。稍冷后，用蒸馏水吹洗锥形瓶（为什么？）。待溶液完全冷却后，加入 2～3 滴酚酞指示剂，用待标定的 NaOH 标准溶液滴定至溶液呈微红色并保持 30s 不褪色，即为终点。读数，记录数据，计算 NaOH 标准溶液的浓度。

(2) 中性乙醇溶液的配制

用量筒量取 60mL 95%乙醇溶液于烧杯中，加入 1～2 滴酚酞指示剂，用 0.1mol·L^{-1} NaOH 标准溶液滴定至微红色，盖上表面皿，将此中性乙醇溶液冷却至 10℃ 以下备用。

(3) 乙酰水杨酸储备液的配制

称取 0.4000g 乙酰水杨酸溶于 1% 乙酸-氯仿中，用 1% 乙酸-氯仿溶液定容至 1L。

2. 乙酰水杨酸的合成

在干燥的 100mL 圆底烧瓶中加入 2g 水杨酸、5mL 乙酸酐（乙酸酐应是新蒸馏的，收集 139～140℃的馏分）和 5 滴浓硫酸，摇动锥形瓶使水杨酸全部溶解后，在水浴上加热 5～10min，控制浴温在 85～90℃。冷至室温，即有乙酰水杨酸结晶析出（可用玻璃棒摩擦瓶壁或将反应物置于冰水中冷却，促使结晶产生）。加入 50mL 水，将混合物继续在冰水浴中冷却使结晶完全。减压过滤，用滤液反复淋洗烧瓶，直至所有晶体被收集到布氏漏斗。每次用少量冷水洗涤结晶几次，继续抽滤，尽量将溶剂抽干。粗产物转移至表面皿上，在空气中风干，称重。粗产物约 1.8g。

将粗产物转移至 150mL 烧杯中，在搅拌下加入 25mL 饱和碳酸氢钠溶液，加完后继续搅拌几分钟，直至无气泡产生。抽气过滤，副产物聚合物应被滤出。用 5～10mL 水冲洗漏斗，合并滤液，倒入预先盛有 4～5mL 浓 HCl 和 10mL 蒸馏水混合液的烧杯中，搅拌均匀，即有乙酰水杨酸结晶析出。将烧杯置于冰水浴中冷却，使结晶完全。减压过滤，用洁净的玻璃塞挤压滤饼，尽量抽去滤液，再用冷水洗涤 2～3 次，抽干水分。将结晶移至表面皿上干燥，称重。纯化后的产品约 1.5g，熔点为 134～136℃。取几粒结晶加入盛有 5mL 蒸馏水的试管中，加入 1～2 滴 1% FeCl$_3$ 溶液，观察有无颜色反应。若出现颜色反应，须再进行精制。将进行纯化后的产品干燥后低温密封保存。

为了得到更纯的产品，可将上述结晶的一半溶于较少量的乙酸乙酯中（约需 2～3mL），溶解时应在水浴上小心地加热。如有不溶物出现，可用预热过的玻璃漏斗趁热过滤。将滤液冷至室温，乙酰水杨酸晶体即析出。如不析出结晶，可在水浴上稍加浓缩，并将溶液置于冰水浴中冷却，或用玻璃棒摩擦瓶壁。抽滤，收集产物，干燥后用于下一步的测试与表征。

3. 乙酰水杨酸产品的测试与表征

(1) 熔点的测定

用熔点仪测定乙酰水杨酸的熔点。因乙酰水杨酸受热易分解，熔点不是很明显，它的分解温度为 128～135℃，测定熔点时，可将热载体加热至 120℃ 左右，然后放入样品测定。

(2) 红外光谱鉴定乙酰水杨酸

取 5～10mg 上述已纯化并已干燥的乙酰水杨酸，加入 50mg 溴化钾，在玛瑙研钵中研细，再在红外灯下干燥后，制成半透明的薄片（透光率大于 60%）。然后将薄片在红外光谱仪上扫描，得到产品的红外光谱图。将产品的红外光谱图与乙酰水杨酸标准样品的红外光谱图进行比较，指出乙酰水杨酸重要的基团频率。

4. 乙酰水杨酸的含量分析

(1) 酸碱滴定法测定乙酰水杨酸的含量

准确称取 0.5～0.7g 合成的乙酰水杨酸，置于洁净干燥的 250mL 锥形瓶中，加入 20mL 冷的中性乙醇溶液，充分摇动使试样完全溶解，在不超过 10℃ 的条件下（加冰控制），加入 1~2 滴酚酞指示剂，用 0.1mol·L^{-1} NaOH 标准溶液滴定至溶液呈微红色，且 30s 不褪色即为终点。平行测定 3 次，计算产品中乙酰水杨酸的含量（%）。

(2) 紫外-可见分光光度法测定乙酰水杨酸的含量

准确称取 77mg（准确至 0.1mg）乙酰水杨酸（CP），加入 30mL 0.1mol·L^{-1} NaOH 标准溶液使其溶解，然后用蒸馏水定容于 50mL 容量瓶中，摇匀。

用移液管分别取 0.2mL、0.3mL、0.4mL、0.5mL、0.6mL 上述溶液于五只 25mL 容量瓶中，加蒸馏水定容，摇匀，并计算每种标准溶液的浓度（单位为 mg·mL^{-1}）。在紫外-可见光分光光度计上扫描某一种标准溶液在 250~350nm 范围的紫外-可见吸收光谱，记录最大吸收波长 λ_{max}，然后在 λ_{max} 处测定五种标准溶液的吸光度，并绘制工作曲线。

准确称取 78mg（准确至 0.1mg）合成的乙酰水杨酸，加 10mL 0.1mol·L^{-1} NaOH 标准溶液，搅拌使其溶解，转移到 50mL 容量瓶中，用蒸馏水稀释至刻度，摇匀。再取 0.4mL 上述溶液至一只 25mL 容量瓶中，用蒸馏水稀释至刻度，摇匀。在分光光度计上测出此稀释液在 λ_{max} 处的吸光度值，平行测 3 次。

(3) 荧光分光光度法测定乙酰水杨酸的含量

可采用荧光分光光度法测定乙酰水杨酸的含量，此时水杨酸不干扰测定。测定条件：在 1% 乙酸-氯仿中，选择激发波长为 270nm，发射波长为 325nm。

将乙酰水杨酸储备液稀释到 4.0μg·mL^{-1}（用两次稀释来完成），用吸量管分别取 4.0μg·mL^{-1} 乙酰水杨酸溶液 2mL、4mL、6mL、8mL、10mL 于五只 25mL 容量瓶中，用 1% 乙酸-氯仿溶液稀释至刻度，摇匀。测量它们的荧光强度，并绘制工作曲线。

称取自制的乙酰水杨酸产品 400.0mg，用 1% 乙酸-氯仿溶液溶解后，全部转移至 1L 容量瓶中，用 1% 乙酸-氯仿溶液稀释至刻度，摇匀。乙酰水杨酸产品溶解后，要在 1h 内完成测定，否则其含量将降低。

将上述溶液稀释 1000 倍（用三次稀释来完成），在与标准溶液同样的条件下测量其荧光强度，根据工作曲线求出产品中乙酰水杨酸的含量。

结果与讨论

1. 列表说明该合成反应的产率，并解释原因。测出熔点，并与文献值进行比较。分析在实验过程中应如何提高产率及产品的纯度。

2. 根据得到的产品的红外光谱图，与乙酰水杨酸的标准红外谱图比较，指出特征吸收峰的归属。

3. 绘制乙酰水杨酸的紫外-可见吸收光谱图，并计算产品中乙酰水杨酸的含量。将乙酰水杨酸标准溶液的浓度及对应的吸光度填入表 1-2，绘出标准工作曲线。

表 1-2　紫外-可见分光光度法测定乙酰水杨酸含量

项目	1	2	3	4	5
浓度/(mg·mL^{-1})					
吸光度					

根据测得的产品稀释液的吸光度，从工作曲线上查到对应的乙酰水杨酸质量浓度（c，mg·mL^{-1}）。然后计算出产品中乙酰水杨酸的质量（m，mg）及其纯度（ρ，%），并讨论影响产品纯度测定的因素。

4. 根据酸碱滴定的有关数据计算产品中乙酰水杨酸的含量。
5. 根据荧光分光光度法的有关数据计算产品中乙酰水杨酸的含量。
6. 比较几种分析方法所得结果的差异,并解释原因。

思考题

1. 常用的乙酰化试剂有哪些?活性顺序是什么?本实验选用乙酸酐作为乙酰化试剂有何优点?还可以用什么方法制备乙酰水杨酸?
2. 本实验用紫外-可见分光光度法测定产品的乙酰水杨酸含量时,为什么要加入稀NaOH溶液?
3. 在重结晶操作中,为了使产品产率高、纯度好,必须注意哪几点?
4. 在硫酸作用下,水杨酸与乙醇作用将会得到什么产物?写出反应方程式。
5. 乙酰水杨酸的乙酰基容易水解,测定时如何控制条件?
6. 从乙酰水杨酸和水杨酸的激发光谱和发射光谱解释荧光分光光度法测定乙酰水杨酸含量可行的原因。
7. 还可以用什么方法分析乙酰水杨酸的含量?

参考文献

[1] 李兆陇,阴金香,林天舒. 有机化学实验 [M]. 北京:清华大学出版社,2001.
[2] 兰州大学、复旦大学化学系有机化学教研室. 有机化学实验 [M]. 2版. 北京:高等教育出版社,1994.
[3] 谢晶曦. 红外光谱在有机化学和药物化学中的应用 [M]. 北京:科学出版社,1987.
[4] 朱明华. 仪器分析 [M]. 北京:高等教育出版社,2000.

实验 3

苯妥英钠的合成

实验目的

1. 掌握药物合成反应中常用的杂环化合物合成方法。
2. 掌握缩合反应、重排反应以及有机物氧化反应的原理和应用。
3. 学习有害气体的排出方法。

实验原理

苯妥英钠化学名为 5,5-二苯基乙内酰脲钠盐（$C_{15}H_{11}N_2NaO_2$），是一种常用的抗癫痫药。其化学结构式为

苯妥英钠为微有吸湿性的白色粉末，易溶于水和乙醇，在极性水溶液中部分水解生成苯妥英（碱性）而使溶液变浑浊。

苯妥英钠制备过程如下：

1. 安息香缩合反应（安息香的制备）

2. 氧化反应（二苯乙二酮的制备）

3. 二苯羟乙酸重排及缩合反应（苯妥英的制备）

4. 成盐反应（苯妥英钠的制备）

 仪器及试剂

仪器：烧杯，三口烧瓶（100mL），滴液漏斗，回流冷凝管，pH 试纸，搅拌器，蒸馏装置，抽滤装置，水浴锅，气体吸收装置，真空干燥箱，熔点仪，红外光谱仪。

试剂：苯甲醛（新蒸），维生素 B_1（硫胺素）（AR），结晶醋酸钠（AR），乙醇（75%、95%），盐酸（AR），乙醚（AR），氢氧化钠（AR），硝酸（65%～68%），四氯化碳（AR），尿素（AR）。

实验步骤

1. 安息香的制备

在 100mL 三口烧瓶中加入 3.5g 硫胺素和 8mL 蒸馏水，溶解后加入 95% 乙醇 30mL。

搅拌下滴加 10mL 浓度为 2mol·L^{-1} 的 NaOH 溶液。再取新蒸苯甲醛 20mL，加入上述反应瓶中。水浴加热至 70℃ 左右反应 1.5h。冷却，抽滤，固体用少量冷水洗涤。干燥后得粗品，称重，计算产率，测定熔点（136～137℃）。

2. 二苯乙二酮的制备

取 8.5g 粗制的安息香和 25mL 硝酸（质量分数为 65%～68%）置于 100mL 圆底烧瓶中，安装冷凝器和气体吸收装置，低温加热并搅拌，逐渐升高温度，直至二氧化氮逸去（约 1.5～2h）。反应完毕，在搅拌下趁热将反应液倒入盛有 150mL 冷水的烧杯中，充分搅拌，直至黄色固体全部析出。抽滤，固体用水充分洗涤至中性，干燥，得粗品。用四氯化碳重结晶，也可用 75% 乙醇重结晶，晶体干燥后称重，测熔点（94～96℃）。

3. 苯妥英的制备

在装有搅拌及回流冷凝管的 250mL 圆底烧瓶中，投入 8g 二苯乙二酮、3g 尿素、25mL 15% NaOH 以及 40mL 95% 乙醇，搅拌，加热回流反应 60min。反应完毕，反应液倾入 250mL 水中，加入 1g 结晶醋酸钠，搅拌后放置 1.5h。抽滤，滤除黄色沉淀。滤液用 15% 盐酸调至 pH=6，放置析出结晶，抽滤，结晶用少量水洗，得白色苯妥英，干燥，称重，测熔点（295～299℃）。

4. 苯妥英钠的制备与精制

将与苯妥英等物质的量的氢氧化钠（先用少量蒸馏水将固体氢氧化钠溶解）置于 100mL 烧杯中后加入苯妥英，水浴加热至 40℃，使其溶解。加少许活性炭，在 60℃ 下搅拌加热 5min，趁热抽滤，在蒸发皿中将滤液浓缩至原体积的三分之一。冷却后析出结晶，抽滤。沉淀用少量冷的 95% 乙醇-乙醚（1∶1，体积比）混合液洗涤，抽干，得苯妥英钠，真空干燥，称重，计算产率。

结果与讨论

1. 测出每一步产物的熔点，初步分析得到的产物，并写出相关的反应方程式。
2. 计算苯妥英钠的产率，简述提高每一步产品产率的方法。

思考题

1. 安息香缩合反应的原理是什么？安息香缩合反应为什么要控制 pH 值在 9～10？过高或过低对反应有什么影响？
2. 在苯妥英的制备中，加入醋酸钠的作用是什么？
3. 制备二苯乙二酮时，为什么要控制反应温度逐渐升高？
4. 为什么在碱性条件下制备苯妥英？

参考文献

[1] 严琳. 药物化学实验 [M]. 郑州：郑州大学出版社，2008.
[2] 尤启东. 药物化学实验与指导 [M]. 北京：中国医药科技出版社，2008.

实验 4

常规乳液聚合法制备聚醋酸乙烯酯

 实验目的

1. 了解常规乳液聚合中各组分的作用。
2. 熟悉乳液聚合的基本原理，巩固乳液聚合机理的基本理论，掌握聚合实施方法和实验技能。

 实验原理

常规乳液聚合是以水为分散介质，单体在乳化剂的作用下分散，并使用水溶性的引发剂引发单体聚合的方法，所生成的聚合物通常以纳米级粒子状态分散在水中，呈白色乳液。

乳化剂的选择对乳液聚合的稳定十分重要，乳化剂起降低表面张力、增溶单体的作用。它使单体分散成小液滴，并在乳胶粒的表面形成保护层，防止乳胶粒凝聚。常用的乳化剂分为阴离子型、阳离子型、非离子型三种。一般将离子型和非离子型复配使用。

市售白乳胶就是通过乳液聚合方法制备的聚醋酸乙烯酯乳液。乳液聚合通常在装有回流冷凝管的搅拌反应器中进行。操作程序如下：加入乳化剂、引发剂水溶液和单体于烧瓶中，一边搅拌，一边加热便可制得乳液。乳液聚合温度一般控制在 60~70℃，pH 控制在 2~7。由于醋酸乙烯酯聚合反应放热较多，反应温度上升显著，通过一次投料来获得高浓度的乳液较为困难，故采用分批加入引发剂或单体的方法。

醋酸乙烯酯乳液聚合的原理遵从常规乳液聚合机理，但单体在水中有较大的溶解度，而且容易水解，产生的醋酸会干扰聚合；同时醋酸乙烯酯自由基比较活泼，链转移反应显著。因此除了乳化剂，醋酸乙烯酯乳液中一般还加入聚乙烯醇来保护胶体。

醋酸乙烯酯也可与其他单体共聚制备性能更优异的聚合物乳液，如与氯乙烯单体共聚可改善聚氯乙烯的可塑性；与丙烯酸共聚可改善乳液的黏结性和耐碱性。

 仪器及试剂

仪器：机械搅拌器，球形冷凝管，四口烧瓶（500mL），滴液漏斗（100mL），水浴锅，温度计，固定夹（若干），pH 试纸，烘箱。

试剂：醋酸乙烯酯（AR），聚乙烯醇（AR），十二烷基磺酸钠（AR），辛基酚聚氧乙烯醚（OP-10）（AR），过硫酸铵（AR），碳酸氢钠（AR），去离子水。

实验步骤

1. 安装乳液聚合装置。
2. 在四口烧瓶中加入 80g 去离子水、5g 聚乙烯醇、5g OP-10，开动搅拌，水浴加热至

80℃使其溶解。

3. 降温至65℃，停止搅拌。加入1g十二烷基磺酸钠、0.25g碳酸氢钠，开动搅拌，再加入7g醋酸乙烯酯，最后加入0.4g过硫酸铵，开始反应。

4. 反应体系出现蓝光（为什么？），表示乳液聚合反应开始启动，15min后开始缓慢滴加73g剩余的单体，1h内加完。

5. 单体滴加完毕后，继续搅拌，保温反应30min，停止加热，继续搅拌，冷却至室温。

注意事项

1. 条件许可前提下，可在引发聚合后，每30min取样一次，测试黏度。
2. 药品取用时，液态药品不需称取，只需用量筒取（包括水、醋酸乙烯酯，$V=m/\rho$）。
3. OP-10黏度大，实验前由教师先配成水溶液备用。

结果与讨论

1. 以pH试纸测试乳液的pH值。
2. 测定乳液的固含量（每组同学取4g乳液测试）。

思考题

1. 为什么要严格控制单体滴加速度和聚合温度？
2. 聚醋酸乙烯酯除了用作胶黏剂，还有何用途？
3. 市售醋酸乙烯酯单体为什么蒸馏后才容易发生聚合反应？

参考文献

[1] 韩哲文. 高分子科学实验[M]. 上海：华东理工大学出版社，2005.
[2] 马瑞申. 高分子实验技术[M]. 上海：复旦大学出版社，1996.

实验 5

含菲咯啉结构基元的大分子荧光探针的制备及其对 Zn^{2+} 和 Cd^{2+} 的识别

实验目的

1. 了解荧光分析法的基本理论，熟悉荧光强度的影响因素。
2. 了解被分析物与荧光探针的作用机制。
3. 学习简单荧光探针的制备方法，熟悉荧光分光光度计的基本操作。

实验原理

物质分子吸收一定的能量后，其电子将从基态跃迁到激发态，如果在返回基态的过程中伴随有光辐射，这种现象称为分子发光。依此建立起来的分析方法，称为分子发光分析法。物质因吸收光子产生激发而发光的现象，称为光致发光，根据发光机理和过程的不同，可分为荧光和磷光。下面着重介绍荧光分析法。

荧光的产生涉及光子的吸收和再发射两个过程。物质受光照射时，光子的能量在一定条件下被基态分子所吸收，分子中的价电子发生能级跃迁而处于激发态，处于激发态的分子是不稳定的。处于第一电子激发单线态（S_1）的分子返回单线基态（S_0）各个振动能级所产生的辐射光称为荧光（图 1-1）。

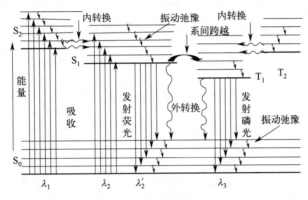

图 1-1　荧光和磷光能级图

物质分子吸收辐射后，荧光的产生取决于分子的结构。

① 电子跃迁类型。大多数荧光化合物都是由 $n \rightarrow \pi^*$ 或 $\pi \rightarrow \pi^*$ 跃迁激发，然后经过振动弛豫或其他无辐射跃迁，再发生 $\pi^* \rightarrow n$ 或 $\pi^* \rightarrow \pi$ 跃迁而产生荧光，其中 $\pi^* \rightarrow \pi$ 跃迁的荧光效率较高。

② 共轭效应。任何有利于提高 π 电子共轭程度的结构改变，都将提高荧光效率，并使荧光峰向长波方向移动（红移）。

③ 刚性平面结构。刚性平面结构可以减少分子的振动，使分子与溶剂或其他溶质分子的相互作用减小，即减少了碰撞失活的可能性，从而有利于荧光的发射。

④ 取代基效应。芳烃和杂环化合物的荧光光谱和荧光强度常随取代基而改变。一般来说，给电子取代基由于产生了 p-π 共轭作用，增强了 π 电子的共轭程度，因此荧光增强，荧光波长红移；而吸电子取代基则使荧光减弱。

在荧光传感过程中，与探针结合的被分析物可对内转换、系间跨越以及分子间作用失活过程的速率产生影响，从而间接影响荧光强度。

重原子效应通常被用来设计检测重金属离子的猝灭型荧光探针。这种探针通过在荧光基团上连接硫、氮等软碱原子（作为识别基团）与重金属离子结合。该荧光探针本身具有比较强的荧光，结合重金属离子之后，由于重金属离子具有较大的原子序数，可以显著增强系间跨越，因此荧光猝灭。

荧光探针的激发是由光照所引起的，因此这种电子转移也被称为光诱导电子转移。根据该机理可以设计检测缺电子化合物的猝灭型荧光探针。在设计时，需要根据被分析物的电性，设计与其电性相反的识别基团，以促进光诱导电子转移的发生。硝基具有强的吸电子能力，因此硝基化合物大多具有缺电子性质。在设计荧光探针时，常引入氨基、羟基等给电子基团，使荧光基团富电子。所设计的荧光探针本身具有较强的荧光发射能力，加入硝基化合物之后，被光激发到 LUMO 轨道上的电子不是重新回到 HOMO 轨道产生荧光发射，而是转移到硝基化合物的 LUMO 轨道，由此使荧光猝灭。

本实验包含小分子荧光探针和大分子荧光探针的合成与纯化，以及大分子荧光探针的荧光测试。合成路线见图 1-2。

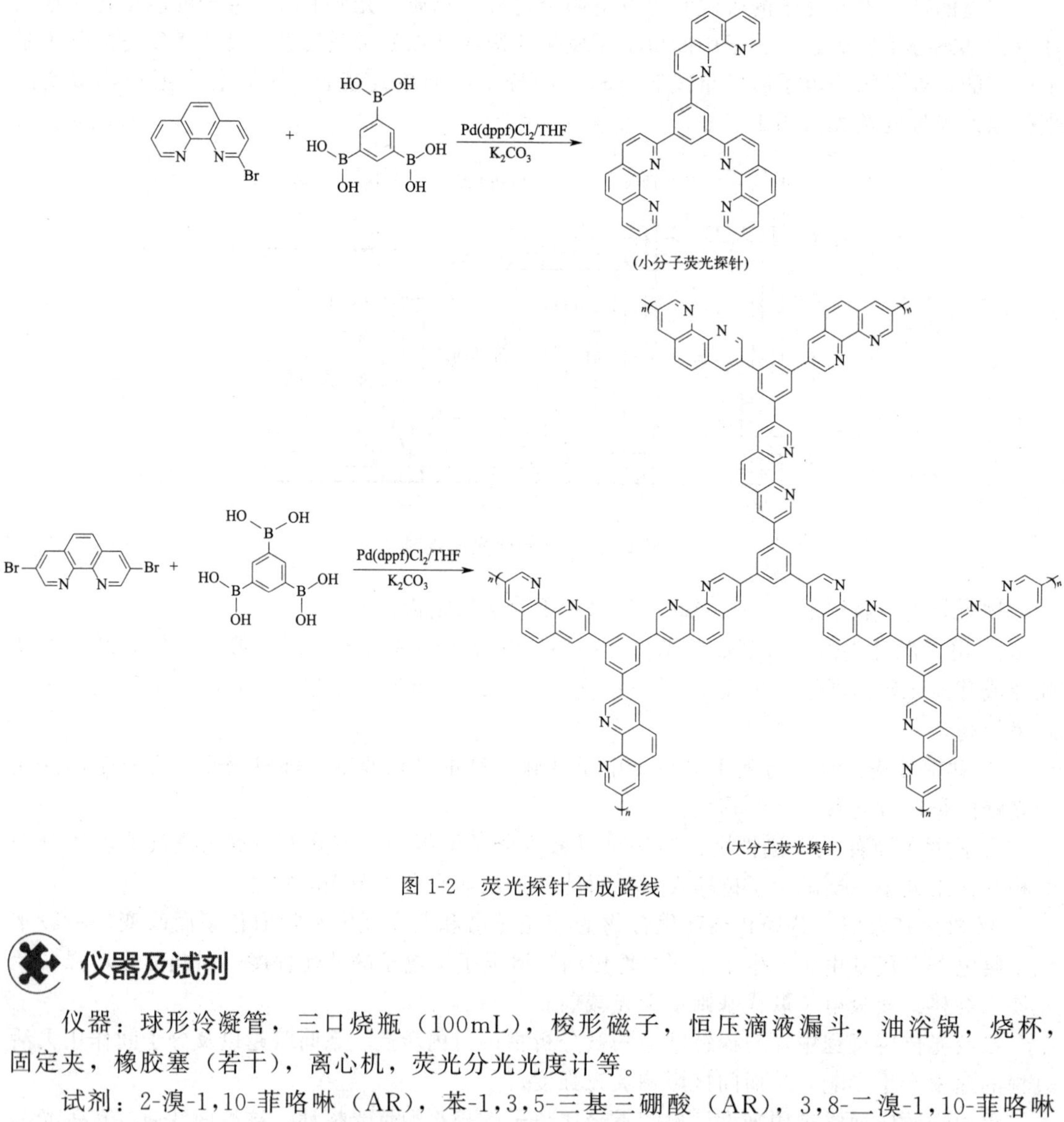

图 1-2 荧光探针合成路线

仪器及试剂

仪器：球形冷凝管，三口烧瓶（100mL），梭形磁子，恒压滴液漏斗，油浴锅，烧杯，固定夹，橡胶塞（若干），离心机，荧光分光光度计等。

试剂：2-溴-1,10-菲咯啉（AR），苯-1,3,5-三基三硼酸（AR），3,8-二溴-1,10-菲咯啉（AR），[1,1'-双(二苯基膦基)二茂铁]二氯化钯(Ⅱ)[Pd(dppf)Cl$_2$]，碳酸钾（AR），四氢呋喃（THF）（AR），去离子水，乙酸乙酯（AR），N,N-二甲基甲酰胺（AR）等。

实验步骤

1. 按照图 1-3 安装反应装置。
2. 在三口烧瓶中将 1g（0.0048mol）苯-1,3,5-三基三硼酸和 3.73g（0.0144mol）2-溴-

1,10-菲咯啉溶于 30mL 四氢呋喃中,搅拌并通氮气 30min。

3. 加入碳酸钾的水溶液[0.53g(0.0038mol) K_2CO_3 溶于 25mL 去离子水]并升温至 65℃。将 0.17g(0.00024mol)Pd(dppf)Cl_2 溶于 10mL 四氢呋喃后加入反应体系,继续反应 24h。

4. 反应液离心后弃去固体得到粗产物,粗产物用乙酸乙酯重结晶得到产物小分子荧光探针。

5. 采用同样的合成步骤合成大分子荧光探针:在三口烧瓶中将 1g(0.0048mol)苯-1,3,5-三基三硼酸和 1.61g(0.0048mol)3,8-二溴-1,10-菲咯啉溶于 30mL 四氢呋喃中,搅拌并通氮气 30min;加入碳酸钾的水溶液[0.53g(0.0038mol) K_2CO_3 溶于 25mL 去离子水]并升温至 65℃;将 0.17g(0.00024mol)Pd(dppf)Cl_2 溶于 10mL 四氢呋喃后加入反应体系,继续反应 24h。

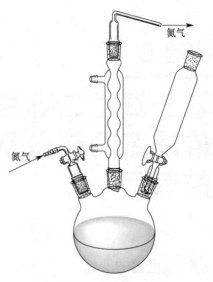

图 1-3 反应装置示意图

6. 通过控制 3,8-二溴-1,10-菲咯啉与苯-1,3,5-三基三硼酸的物质的量之比分别为 1∶1、1∶0.95、1∶1.05 来合成大分子荧光探针,反应结束测量所得产物的分子量。

7. 将合成的大分子荧光探针溶于 N,N-二甲基甲酰胺中制备成探针溶液(以配制好的溶液在紫外灯下可以观察到合适的荧光强度为准),分别取 3mL 的探针溶液于 20 支 5mL 离心管中,依次加入 30μL 的去离子水、Cd^{2+} 溶液、Zn^{2+} 溶液(加入的所有金属离子的原始浓度为 $1×10^{-3}mol·L^{-1}$,取不同用量得到不同浓度的溶液),随后进行荧光测试,得到荧光光谱数据并绘图。

 结果与讨论

1. 利用荧光分光光度计测定在不同 Cd^{2+} 溶液和 Zn^{2+} 溶液浓度下探针的荧光强度,并绘制金属离子浓度与荧光强度的关系曲线,以观察荧光强度的变化趋势。
2. 根据荧光强度的减少程度定量分析荧光探针在金属离子存在下的猝灭效应。

 思考题

1. 反应过程中加入碳酸钾水溶液的目的是什么?
2. 为了获得高分子量,理论上 3,8-二溴-1,10-菲咯啉与苯-1,3,5-三基三硼酸的最佳物料比是多少?为什么?
3. 试分析本实验制备的大分子荧光探针对 Zn^{2+} 和 Cd^{2+} 特异性识别的原因。

参考文献

[1] 马会民. 光学探针与传感分析[M]. 北京:化学工业出版社,2020.
[2] 韩哲文. 高分子科学实验[M]. 上海:华东理工大学出版社,2005.
[3] Quan C Q, Liu J Y, Sun W, et al. Highly sensitive and selective fluorescence chemosensors containing phenanthroline moieties for detection of Zn^{2+} and Cd^{2+} ions [J]. Chemical Papers, 2020, 74(2): 485-497.

实验 6

基于氟硼二吡咯的大分子荧光化学传感器的制备及其对 2,4,6-三硝基苯酚的识别

 实验目的

1. 学习以氟硼二吡咯为荧光基团的大分子传感器的合成方法和基本原理。
2. 掌握无水无氧操作、回流、萃取、柱色谱等实验技能。
3. 了解大分子传感器在环境保护领域中的应用,提高环保意识。

 实验原理

荧光探针在生物、化学等领域受到极大关注,具有诸多优势,如高选择和敏感性、良好的空间和时间分辨率等,已成为一种较常见的分析和检测方法。荧光探针发光的基本原理是荧光共振能量转移(FRET)现象。当特定的分子受到光的照射时,它会吸收光的能量并跃迁到激发态。在激发态下,分子会释放出特定波长的光子,即荧光或磷光。电子由第一电子激发单线态(S_1)直接回到单线基态(S_0)而产生的光为荧光。荧光产生机理见实验 5。

一般来说,荧光探针由三部分组成,包括发光基团、识别基团和连接基团。发光基团是光能吸收和发射的场所,在分子识别过程中将识别信息转变为荧光信号。识别基团能与被检测的物质特异性结合,产生荧光信号。连接基团通过化学键或者其他作用力方式,把荧光基团和识别基团组合在一起,组成一个完整的荧光探针。当识别基团与受体选择性结合时,发光基团的光学性能发生改变,如荧光强度、发射波长和荧光寿命等,通过不同的机理发出荧光,从而提供了一种可以被观察者识别的信号。

2,4,6-三硝基苯酚(TNP)不仅易燃易爆,而且具有很强的毒性。它会损伤人类的眼睛、皮肤、肝脏、胃等器官,对人类健康和环境有很大的危害。快速、准确、具有选择性地检测 TNP,对人类安全和环境保护至关重要。设计和合成高效、灵敏、快速的荧光分子传感器来检测 TNP 是非常有前景的检测方法。氟硼二吡咯(BODIPY)作为荧光基团可以合成多种不同的大分子化学传感器,这些传感器对不同的环境污染物具有特定的识别功能。

本实验以氟硼二吡咯(BODIPY,**M1**)为荧光基团,通过 Vilsmeier-Haack 反应连续两步在氟硼二吡咯中接入两个醛羰基(**M2**),**M2** 再与 1,4-苯二胺进行席夫碱反应,得到主链上具有氟硼二吡咯单元的大分子(**P**),合成路线见图 1-4。该类大分子对 TNP 具有较高的选择性和敏感性。

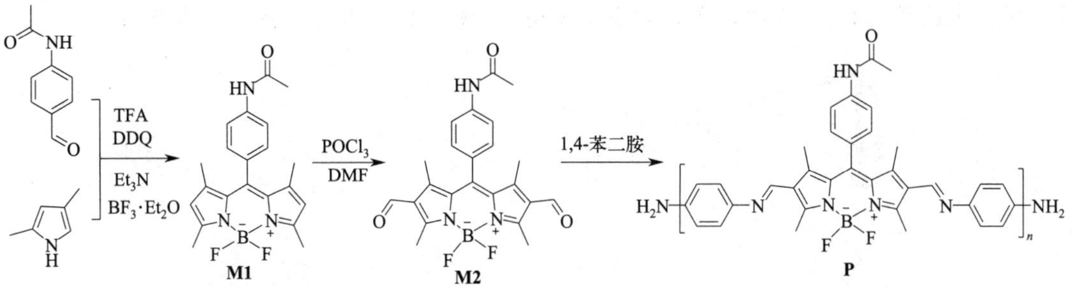

图 1-4 合成路线

仪器及试剂

仪器：三口烧瓶（250mL），球形冷凝管，导气管，恒压滴液漏斗，搅拌子，磁力搅拌器，铁架，铁圈，分液漏斗，色谱柱，锥形瓶，橡胶塞（若干），荧光分光光度计等。

试剂：4-乙酰氨基苯甲醛（AR），2,4-二甲基吡咯（AR），三氟乙酸（TFA）（AR），三乙胺（Et_3N）（AR）三氟化硼乙醚（$BF_3 \cdot Et_2O$）（AR），2,3-二氯-5,6-二氰基-1,4-苯醌（DDQ）（AR），1,4-苯二胺（AR），1,2-二氯乙烷（AR），四氢呋喃（AR），三氯氧磷（AR），无水二氯甲烷（AR），N,N-二甲基甲酰胺（DMF）（AR），冰醋酸（AR），无水乙醇（AR）等。

实验步骤

1. 化合物 M1 的合成

在室温下，称取 4-乙酰氨基苯甲醛（498.8mg，3.06mmol）和 2,4-二甲基吡咯（654.4mg，6.88mmol）于三口烧瓶中，加入 30mL 无水二氯甲烷至完全溶解。搅拌 30min 后，加入 TFA（300μL），用锡箔避光处理，在氮气气氛、室温下搅拌 8h。将 DDQ（693.9mg，3.06mmol）用 20mL 无水二氯甲烷溶解，然后在冰浴条件下，于 15min 内加入反应体系中，1h 后升至室温。在室温下搅拌 10h 后，缓慢加入 Et_3N（7.64mL），并继续搅拌 3h。在冰浴下加入 $BF_3 \cdot Et_2O$（8.56mL），30min 后升至室温，继续反应 12h。粗产品用饱和碳酸氢钠洗涤 3 次，有机层用无水硫酸钠干燥。经过柱色谱（乙酸乙酯与石油醚的体积比为 1:3）纯化，得到黄色固体 **M1**。反应装置示意图见图 1-5。

2. 化合物 M2 的合成

在氮气保护和冰浴条件下，将三氯氧磷（3.10mL）缓慢加入 DMF（3.10mL），直到出现胶状维尔斯盐（亚胺盐）。搅拌 20min 后，加热至室温，同时继续搅拌。将 **M1**（350mg，0.92mmol）溶于 1,2-二氯乙烷（20mL）中，加入反应体系，然后将温度提高至 60℃，搅拌 8h。冷却至室温后，将反应混合物倒入冰浴下的饱和碳酸氢钠溶液中，升至室温，继续搅拌 2h，直至不产生气泡。用 1,2-二氯乙烷萃取 3 次，有机层用无水硫酸钠干燥。粗产品经过柱色谱（见图 1-6）纯化（以体积比为 1:1 的乙酸乙酯和石油醚作为流动相），得到红色固体 **M2**。

3. 化合物 P 的合成

将 1,4-苯二胺（12mg，0.11mmol）溶解在无水乙醇中，在氮气气氛下搅拌并加热至 55℃。然后将 **M2**（51mg，0.12mmol）溶于无水乙醇中，并加入反应体系中。加入 10μL 冰醋酸，立即提高温度至 80℃。回流 6h 后，产品会逐渐沉降在玻璃容器的壁上。反应结束后，用无水乙醇离心 4～5 次，再在真空干燥箱中干燥 24h，得到深蓝色固体 **P**。

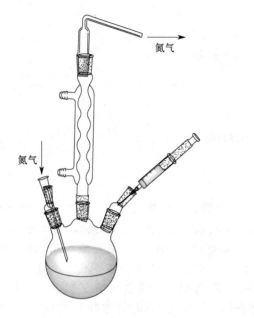
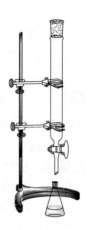

图 1-5　反应装置示意图　　　　　　图 1-6　柱色谱纯化示意图

4. 大分子荧光探针对硝基化合物的选择性测试

将合成的大分子荧光探针 **P** 溶于 N,N-二甲基甲酰胺中制备成浓度为 $10\mu mol \cdot L^{-1}$ 的探针溶液，分别取 3mL 的探针溶液于 10 支 5mL 离心管中，依次加入 30μL 的硝基苯（NB）、4-硝基氯苯（4-NCB）、苯甲酸（BA）、3,5-二硝基苯甲酸（DNBA）、苯胺（AN）、甲苯（MB）、4-硝基甲苯（4-NT）、苯酚（Ph）、4-硝基苯酚（4-NP）、2,4,6-三硝基苯酚（TNP）溶液（图 1-7），所加入的所有硝基化合物的浓度为 $1 \times 10^{-3} mol \cdot L^{-1}$，随后进行荧光测试。

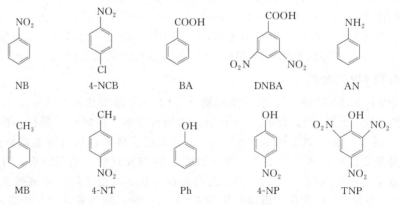

图 1-7　硝基芳香族和芳香族化合物的结构

💡 结果与讨论

采用荧光分光光度计对加入不同硝基化合物、氯硝基化合物等的荧光探针反应进行荧光强度测定。记录每种化合物的荧光强度值，并分析其与荧光探针的相互作用。通过比较加入不同被测物后的荧光强度变化,评价各化合物对荧光探针 P 的猝灭影响。

思考题

1. 萃取中用饱和碳酸氢钠的目的是什么?
2. 分析大分子荧光探针 P 和 2,4,6-三硝基苯酚的作用位点。
3. 大分子荧光探针的分子量如何测定?

参考文献

[1] 马会民. 光学探针与传感分析 [M]. 北京:化学工业出版社,2020.
[2] 韩哲文. 高分子科学实验 [M]. 上海:华东理工大学出版社,2005.
[3] Xiao Y J, Yang X Q, Cheng X J, et al. Fluorescent macromolecular chemosensors for highly and selectively detecting of 2,4,6-trinitrophenol [J]. Materials Research Express, 2020, 7 (10):105304.

实验 7

化学修饰电极电催化氧化测定饮料中的抗坏血酸

实验目的

1. 了解化学修饰电极的类型和制备方法。
2. 了解化学修饰电极的基本性能,学习电催化氧化原理。
3. 学习并掌握化学修饰电极测定抗坏血酸的方法和步骤。

实验原理

化学修饰电极(chemically modified electrode,CME)是指将具有特异功能的分子有意识地固定在电极基体表面而形成的具有某些专一功能的电极。它是二十世纪七十年代中期发展起来的,是由电化学与电分析化学学科交叉形成的一个新兴领域。CME 的出现突破了以往电化学家所研究的范畴,把注意力由传统电化学中的裸电极/电解质溶液界面转移到电极表面上,开创了从化学状态上人为控制电极表面结构的领域。通过化学或物理化学的方法对电极表面进行修饰,在电极表面造成某种微结构,赋予电极预定的功能,可以有选择地在这种电极上进行所期望的反应,从而实现电极功能设计。CME 具有电催化、光电转换、能量储存、离子交换、材料保护、分子识别、掺杂和释放、生物膜模拟等功能。电分析化学建立在氧化还原反应的基础上，而自然界中的许多生命过程又都是与氧化还原反应相关的。因而化学修饰电极在生命科学的研究中起着越来越重要的作用。

电催化作用是化学修饰电极一个最重要的功能，它在伏安分析方面，由于降低了底物在电极上反应的过电位，增大了响应信号，同时减少可能的干扰和背景，从而提高了测定的灵敏度和选择性。这对那些电活性较差、在电极上电子转移较慢、过电位较大的组分的分析特别有利。

化学修饰电极的基底材料主要有碳、玻碳、贵金属及半导体等。在对电极进行修饰之前，所用固体电极必须进行表面清洁处理，其目的包括：①获得一种新鲜的、活性的和重现性好的电极表面状态，以利于后续修饰步骤的进行；②获得溶液中氧化还原体（redox species）在裸电极表面反应的电化学参数，以期与在化学修饰电极上的行为进行比较（如在电催化中促进过电位的降低和反应速度的加快）。

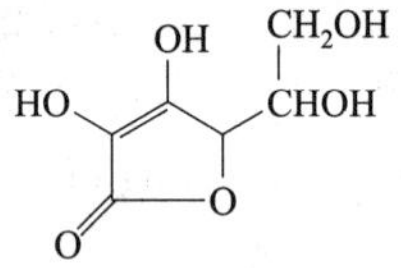

抗坏血酸又名维生素 C，是生命不可缺少的重要物质。其结构式如图 1-8 所示。由图可见抗坏血酸具有烯醇式羟基，所以比乙酸有更强的酸性。

图 1-8　抗坏血酸的结构

抗坏血酸具有还原性，C_2、C_3 位的烯醇式羟基上的氢易于解离，因而抗坏血酸易被空气和其他氧化剂氧化成脱氢抗坏血酸。光和金属离子（Cu^{2+}、Fe^{2+}）可促进抗坏血酸氧化破坏。

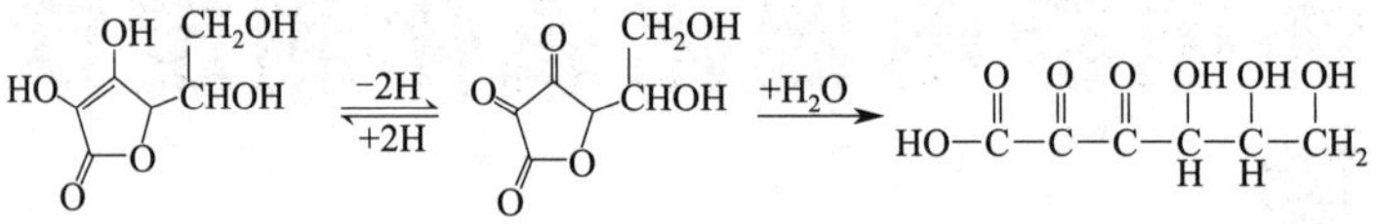

抗坏血酸的定量测定在生命科学、医药和食品等领域中具有重要的意义。已有的测定方法有碘量法、光度法、动态光度法等。但是在这些方法中，有些对实验条件及操作技术要求高，有些方法灵敏度低。而电分析化学方法具有操作简便、快速和灵敏度高的特点，引起了人们的广泛重视。但是，抗坏血酸在裸电极上氧化的过电位很高，直接用裸电极测定将会导致其测定灵敏度低、重现性差。若用化学修饰电极测定，则由于修饰膜的电催化氧化作用，抗坏血酸氧化的过电位大大降低，其氧化峰电位负移 150～300mV，而峰电流增加 1～2 倍，不仅提高了灵敏度，而且还避免了一些干扰因素。因此，化学修饰电极是测定抗坏血酸的有效方法之一。

本实验通过制备三苯甲烷类染料聚合物膜（聚孔雀绿膜或聚茜素红膜）化学修饰电极对抗坏血酸进行电催化氧化，在中性电解质中和一定的扫描速度下，利用循环伏安曲线上抗坏血酸的氧化峰电流和其浓度呈线性关系这一原理，对抗坏血酸进行定量测定。

仪器及试剂

仪器：CHI760E 电化学分析仪，三电极系统［玻碳电极作工作电极、铂丝作辅助电极、饱和甘汞（或 Ag/AgCl）作参比电极］，金相砂纸，麂皮或抛光绒布，超声波清洗器，平板玻璃（10cm×10cm）等。

试剂：α-Al_2O_3 粉，孔雀绿溶液（$3.0×10^{-4}$ mol·L^{-1}），无水乙醇，抗坏血酸标准溶

液（2.0×10^{-2} mol·L^{-1}），磷酸盐缓冲溶液（PBS）（NaCl 为 8g·L^{-1}、KCl 为 0.2g·L^{-1}、K_2HPO_4 为 1.5g·L^{-1}、KH_2PO_4 为 0.2g·L^{-1}，所用试剂均为分析纯，pH=7.4），硫酸溶液（1mol·L^{-1}），K_2HPO_4-KH_2PO_4 缓冲溶液（pH=6，0.075mol·L^{-1}，称 1.804g K_2HPO_4 和 8.797g KH_2PO_4 溶解于 800mL 蒸馏水中，稀释至 1L），硝酸溶液（1:1），硝酸钾溶液（1.5mol·L^{-1}），含抗坏血酸的试样（饮料、药片等）。

实验用水为石英二次蒸馏水或超纯水，所有试剂均为分析纯或优级纯。

实验步骤

1. 工作电极的预处理

对于固体电极如玻碳电极的表面处理，第一步是进行机械研磨、抛光至镜面。通常用于抛光电极的材料有金相砂纸和 α-Al_2O_3 粉及其抛光液等。抛光时总是按抛光剂粒度降低的顺序依次进行研磨，如果电极表面不光洁或有其他物质附着，则表面须先经金相砂纸粗研和细磨后，再用一定粒度的 α-Al_2O_3 粉在抛光绒布上进行抛光。抛光后先用纯水冲洗电极表面污物，再移入超声波清洗器中依次用 1:1 HNO_3、无水乙醇和二次蒸馏水超声清洗，每次 2～3min，最后得到一个平滑光洁的、新鲜的电极表面。

2. 工作电极的电化学活化

打开 CHI760E 电化学分析仪电源，启动计算机，双击 CHI760E 图标启动电化学工作站程序。在菜单中依次选择 "Setup" "Technique" "Cyclic Voltammetry" "Parameter"，输入参数并点击确定。参数设置：Init E，−1.0V；High E，2.0V；Low E，−1.0V；Scan Rate，0.10V·s^{-1}；Segment，20 或更大；Smpl Interval，0.001V；Quiet Time，2s；Sensitivity，10^{-5} A·V^{-1}。

将以上表面处理好了的玻碳电极冲洗干净后放入 0.5mol·L^{-1} 硫酸溶液中，点击桌面上的扫描快捷键 "▶"，于 −1.0～+2.0V 电位范围内以 100mV·s^{-1} 的扫描速度进行连续循环扫描极化处理，直至循环伏安图稳定为止。取出三电极系统，冲洗并擦净后备用。

3. 聚孔雀绿膜修饰电极（PMGE）的制备

① 分别移取 0.075mol·L^{-1} K_2HPO_4-KH_2PO_4（pH=6）、1.5mol·L^{-1} KNO_3、3×10^{-4} mol·L^{-1} 孔雀绿溶液各 2.0mL 于 10mL 电解池（小烧杯）中，混匀得到电极修饰溶液，将之前处理好的玻碳电极以及辅助电极与参比电极一起插入该溶液中。

② 按实验步骤 2 中参数的设定方法，修改 Init E、High E、Low E 和 Scan Rate 的参数依次为 −1.4V、1.8V、−1.4V、0.05V·s^{-1}，点击 "▶"，于 −1.4～+1.8V 的电位区间，以 50mV·s^{-1} 的扫描速度循环扫描 10 圈进行电化学聚合。聚合过程中出现一对不可逆的氧化还原峰，如图 1-9 所示。图中峰电流随扫描圈数的增加而迅速增大，这说明孔雀绿在电极表面发生了聚合，而且所得聚

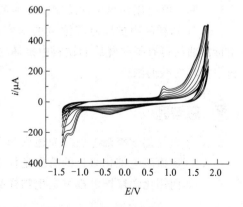

图 1-9 孔雀绿在玻碳电极上聚合时的循环伏安图

物膜为导电膜。这样制得的孔雀绿膜呈半透明状，致密性好，在电极上附着牢固。将制备好的电极取出、冲洗干净后放入超纯水中保存备用。

4. 聚孔雀绿膜修饰电极的电催化性能研究

① 取 2.0×10^{-3} mol·L^{-1} 抗坏血酸溶液 3.00mL 于 10mL 电解池中，再加入磷酸盐缓冲溶液（PBS，pH=7.4）3.00mL，混匀。

② 按实验步骤 2 中参数的设定方法，修改 Init E、High E、Low E、Scan Rate、Segment 的参数依次为 -0.4V、0.6V、-0.4V、0.04V·s^{-1}、2，分别用裸电极和修饰电极测定上述溶液的循环伏安图。测试完毕后，将两幅图叠加并打印。

5. 抗坏血酸系列标准溶液的配制与测量

① 利用 2.0×10^{-2} mol·L^{-1} 的抗坏血酸标准溶液配制 2.0×10^{-5} mol·L^{-1}、2.0×10^{-4} mol·L^{-1}、8.0×10^{-4} mol·L^{-1}、1.4×10^{-3} mol·L^{-1}、2.0×10^{-3} mol·L^{-1}、4.0×10^{-3} mol·L^{-1}、6.0×10^{-3} mol·L^{-1}、8.0×10^{-3} mol·L^{-1}、1.0×10^{-2} mol·L^{-1} 的抗坏血酸标准系列溶液。

② 分别移取 3.00mL 抗坏血酸标准系列溶液和 3.00mL 磷酸盐缓冲溶液（PBS，pH=7.4）置于 10mL 电解池中，按照实验步骤 4，用修饰电极从低浓度到高浓度的顺序依次进行测量，记录各次测量的峰电流，命名并保存图谱。

6. 试样的处理与测量

市售果汁饮料，其抗坏血酸含量一般都比较高，约在 10^{-3} mol·L^{-1} 数量级。实验时，准确移取 3 份饮料上清液（必要时要用超纯水稀释）3.00mL 于 3 个 10mL 电解池中，再分别加入磷酸盐缓冲溶液（PBS，pH=7.4）3.00mL 混匀，按实验步骤 5 的方法测量，记录峰电流，命名并保存图谱。

结果与讨论

1. 根据实验步骤 4，讨论抗坏血酸在修饰电极和裸电极上的电化学氧化还原行为，根据抗坏血酸在修饰电极上的峰电流和峰电位讨论电催化效果。

2. 抗坏血酸标准曲线的绘制：根据实验步骤 5 所记录的峰电流值，以抗坏血酸的浓度为横坐标、峰电流为纵坐标绘制抗坏血酸的标准曲线。

3. 未知样品中抗坏血酸浓度的测定：根据实验步骤 6 所记录的样品测量的峰电流值，由标准曲线可查得稀释后的饮料中抗坏血酸的浓度，求出平均值并乘以稀释倍数即得所测饮料中抗坏血酸的浓度。

思考题

1. 什么是化学修饰电极？简述其基本原理和特点。
2. 抗坏血酸电催化氧化的特点是什么？
3. 如何用化学修饰电极测量生物样品或药物中的抗坏血酸？

参考文献

[1] 董绍俊，车广礼，谢元武. 化学修饰电极 [M]. 北京：科学出版社，2003.

[2] Wan Q J, Wang X X, Wang X, et al. Poly (malachite green) film: Electrosynthesis, characterization, and sensor application [J]. Polymer, 2006, 47 (22): 7684-7692.
[3] 万其进, 喻玖宏, 王刚, 等. 聚茜素红膜修饰电极控制电位扫描法分别测定多巴胺和抗坏血酸 [J]. 高等学校化学学报, 2000, 21 (11): 1651-1654.

实验 8
土壤中重金属形态的分析

 实验目的

了解土壤中不同形态重金属分析方法,熟悉原子吸收光谱仪的操作。

 实验原理

土壤重金属污染已经成为全球广泛关注的重要问题。重金属在土壤中具有积累性和迁移性,直接或间接地危害生态环境以及人类的健康。土壤重金属总量包含土壤本身所固有的本底值和外部环境进入的重金属的含量。

土壤重金属总量是评价土壤重金属污染程度和土壤重金属生物有效性的前提,但国内外大量的研究结果表明,仅以土壤重金属总量并不能很好地预测、评估重金属污染程度和土壤重金属生物有效性。重金属的活动性、生物有效性及毒害性等取决于它们在土壤中的化学形态。对环境可产生潜在危害,或者能被生物吸收利用的仅仅是水溶性和理化性质较活泼的那部分重金属,即与土壤中可交换态极为相近的部分。

为了研究土壤中重金属化学形态,国内外学者大多采用单独或连续提取法,Kersten 等人总结了 1973—1993 年间所用的 25 种不同方法,其中应用最广泛的是 Tessier 5 步提取法(分为可交换态、碳酸盐结合态、铁锰氧化物结合态、有机物结合态及残渣态),然而这些方法存在一些难以克服的缺点:缺乏统一的标准分析方法,分析结果的可比性差;没有进行质量控制的标准物质,无法进行数据的验证和比对。为克服以上缺点,欧洲共同体标准物质局提出了三步提取法(BCR 方法),将土壤重金属化学形态划分为酸可交换态、可还原态及可氧化态,分别用 HAc、$NH_2OH-HCl$ 及 $H_2O_2-NH_4Ac$ 进行提取。为了克服在应用该法时出现的重现性不太好等缺点,Rauret 等提出了改进的 BCR 连续提取法。改进 BCR 法已被许多学者应用于预测土壤中重金属的迁移能力。

本实验采用改进 BCR 法对土壤物质进行提取,用火焰原子吸收光谱法(FAAS 法)进行测定,对 Cd、Cr、Cu 和 Pb 四种元素进行定值,可供相关研究者及实验室参考使用。

仪器及试剂

仪器：原子吸收光谱仪（横向加热，氘灯扣背景，用于测定元素 Cd、Cr、Cu 和 Pb），回旋振荡器（国华 HY-5），离心机（京立 LD4-2A）。全过程采用聚丙烯管。

试剂：盐酸（GR），硝酸（GR），氢氟酸（GR），高氯酸（AR），100mg·L^{-1} Cu、Pb、Cd、Cr 标准溶液（国家标准物质中心），盐酸羟胺（AR），乙酸（AR），乙酸铵（AR），过氧化氢（AR），超纯水等。

实验步骤

1. 连续提取过程

按照改进的 BCR 连续提取法对土壤样品中的重金属进行分级提取，首先准确称取 1.000g 表层土壤样品置于聚丙烯塑料具塞离心试管中，再按以下步骤分级提取：

第一步（可交换态）：称取 1.000g 样品于 100mL 聚丙烯离心管中，加入 0.11mol·L^{-1} HAc 提取液 40mL，室温下振荡 16h（250r·min^{-1}，保证管内混合物处于悬浮状态），然后离心分离（4000r·min^{-1}，20min），倾出上层清液于聚乙烯瓶中，保存于 4℃冰箱中待测；加入 20mL 高纯水清洗残余物，振荡 20min，离心，弃去清洗液。

第二步（可还原态）：向第一步提取后的残余物中加入 0.5mol·L^{-1} NH$_2$OH-HCl 提取液 40mL，振荡 16h，离心分离，其余操作同第一步。

第三步（可氧化态）：向第二步提取后的残余物中缓慢加入 10mL H$_2$O$_2$，盖上表面皿，偶尔振荡，室温下消解 1h，然后水浴加热到 85℃消解 1h，移去表面皿，升温加热至溶液近干，再加入 10mL H$_2$O$_2$，重复以上过程；冷却后，加入 1mol·L^{-1} NH$_4$Ac 提取液 50mL，其余操作同第一步。

2. 混酸消解（残渣态）

将经过第三步提取后的残渣小心转移到 50mL 聚四氟乙烯烧杯中，然后加入 10mL HNO$_3$、10mL HF 和 3mL HClO$_4$，加盖后于电热板上低温加热 1h，再中温加热 1h 后开盖除硅。为了达到良好的飞硅效果，应不时摇动坩埚。当加热到冒浓厚白烟时，加盖，以分解黑色有机炭化物。待坩埚壁上的黑色有机物消失后，开盖驱赶 HClO$_4$ 白烟并蒸发至内容物呈黏稠状。视消解情况可再加入 3mL HNO$_3$、3mL HF 和 1mL HClO$_4$，重复以上消解过程。当白烟再次基本冒尽且内容物呈黏稠状时，取下稍冷，用水冲洗坩埚盖和内壁，并加入 1mL 1∶1 HNO$_3$ 溶液低温加热溶解残渣。待消解液冷却后，将其转移至 25mL 容量瓶中，定容后摇匀待测。

所有样品处理过程均同时带试剂空白、平行样和质控样。

3. 标准曲线的绘制

由 100mg·L^{-1} Cu、Pb、Cd、Cr 标准溶液逐级稀释到所需测定元素的标准溶液浓度，配制成所需要浓度的工作溶液。稀释过程中保持 1%的硝酸酸性环境，以维持溶液的稳定性和重现性。用 FAAS 分别测定空白溶液及校准曲线中铜（波长 324.7nm）、铅（波长 283.3nm）、镉（波长 228.8nm）和铬（波长 357.9nm）的吸光度。以金属离子浓度为横坐标、吸光度为纵坐标，绘制标准曲线。

4. 样品溶液中金属的测定

在与绘制标准曲线相同条件下,测定空白试验溶液和试样溶液的浓度值。若试样溶液中的金属含量超出标准曲线的最高浓度值,则应使用与配制标准工作溶液所使用的介质一致的硝酸适当稀释后再测定。

结果与讨论

1. 以吸光度为纵坐标、分别加入的不同重金属元素的浓度(c_M)为横坐标,绘制重金属的标准加入曲线。

2. 将直线外推至与横坐标相交,由交点到原点的距离在横坐标上对应的浓度求出试样中金属的含量,再由下式计算土壤中重金属的含量:

$$w_M = \frac{25\text{mL} \times c_M \times 10^{-6}}{m_{样}} \times 100\%$$

式中,c_M 为根据溶液吸光度在浓度-吸光度工作曲线查出的相应的金属离子质量浓度,$\text{mg} \cdot \text{L}^{-1}$;$m_{样}$ 为待测试样的质量,g;25mL 为定容后的体积。

思考题

1. 用标准加入法进行分析时,对标准溶液浓度大小有无要求?为什么?
2. 实验所得直线是否可任意延长?样品测定是否一定要在线性范围内?
3. 标准加入法可以消除哪些干扰?

参考文献

[1] 穆华荣,陈志超. 仪器分析实验 [M]. 2版. 北京:化学工业出版社,2004.
[2] 徐家宁. 基础化学实验:物理化学和仪器分析实验 [M]. 北京:高等教育出版社,2006.

实验 9

手性药物酮洛芬的拆分

实验目的

1. 了解高效液相色谱手性分离的原理。
2. 掌握高效液相色谱分离手性药物的方法。
3. 掌握现代高效液相色谱分离分析仪器的操作及应用。

实验原理

酮洛芬是一种 α-芳基丙酸类非甾体抗炎药物,其化学名为 α-甲基-3-苯甲酰基-苯乙酸。现在市场上销售的是其外消旋体,其中右旋酮洛芬 [S-(＋)酮洛芬] 和左旋酮洛芬 [R-(－)酮洛芬] 各占 50%。其在临床上主要用于治疗类风湿性关节炎、外伤和术后疼痛等。大量药理研究显示:相比于布洛芬外消旋体,S-(＋)酮洛芬具有明显较好的疗效,小剂量即可达到治疗效果。以单一对映体 S-(＋)酮洛芬给药不仅可有效降低毒副作用,而且可以提高疗效,所以对酮洛芬的手性分离有着重要的意义。

高效液相色谱(HPLC)法是较常用的分离手性药物的现代液相色谱方法,手性色谱分离的原理:通过待拆分对映体与手性固定相之间的瞬间可逆相互作用,根据形成瞬间缔合物的难易程度和稳定程度,经过多次质量交换后,达到对映体间的分离。通常手性分离药物需要计算对映体过量(enantionmeric excess, e.e.),计算原理如下:当药物合成 R 和 S 两种对映体时,如果得到的不是消旋体,即有一种对映体过量,这时的 e.e. 值计算式就为 e.e.$(S)=([S]-[R])/([R]+[S])\times 100\%$,$[S]$ 和 $[R]$ 代表两种对映体色谱分离后的含量或者峰面积。

 仪器及试剂

仪器:电子天平,容量瓶,移液器(各种量程),离心机,手性色谱柱(Chiralcel OJ),液相色谱滤膜(0.45μm),高效液相色谱仪(Agilent 1100)。

试剂:正己烷(AR),异丙醇(AR),冰醋酸(AR),酮洛芬(AR),去离子水。

 实验步骤

流动相按照正己烷、异丙醇、醋酸的体积比为 9:1:0.05 配制 1L。配制 1.0μg·mL^{-1}、5.0μg·mL^{-1}、10.0μg·mL^{-1}、20.0μg·mL^{-1} 酮洛芬标准溶液。设定高效液相色谱分析参数:流动相为正己烷/异丙醇/醋酸(体积比为 9:1:0.05),流速为 1.0mL·min^{-1},检测波长为 254nm,色谱柱温度为 25℃。标准溶液及样品溶液经 0.45μm 滤膜过滤后进行液相色谱分离。

 注意事项

1. 本实验所用到的所有样品容器、玻璃仪器及过滤装置都必须用 0.1mol·L^{-1} HCl 溶液浸泡 2h 并用去离子水润洗 2 次后烘干。

2. 使用高效液相色谱仪器前应先熟悉仪器操作程序,分析标准及样品前应用流动相平衡色谱柱 0.5h。

 结果与讨论

1. 根据标准色谱图确定右旋酮洛芬 [S-(＋)酮洛芬] 和左旋酮洛芬 [R-(－)酮洛芬] 的保留时间,将其作为定性依据并计算分离度。根据不同浓度标准溶液的峰面积和浓度分别作右旋酮洛芬 [S-(＋)酮洛芬] 和左旋酮洛芬 [R-(－)酮洛芬] 的标准曲线,以此作为定量依据。

2. 通过样品色谱图中右旋酮洛芬 [S-(+)酮洛芬] 和左旋酮洛芬 [R-(-)酮洛芬] 的峰面积和各自的标准曲线，计算样品中右旋酮洛芬 [S-(+)酮洛芬] 和左旋酮洛芬 [R-(-)酮洛芬] 的含量。

3. 根据公式 $e.e.(S)=([S]-[R])/([R]+[S])\times 100\%$，计算右旋酮洛芬 [S-(+)酮洛芬] 的 e.e. 值。

思考题

1. 如何提高手性药物的拆分效果？
2. 如何从色谱图上判断两个峰为对映体？

参考文献

叶明德. 综合化学实验 [M]. 杭州：浙江大学出版社，2011.

实验 10

液相色谱-质谱（LC-MS）法测定诺氟沙星含量

实验目的

1. 掌握电喷雾电离源的构造和离子化原理。
2. 了解 LC-MS 仪的基本构造和工作流程。
3. 掌握 LC-MS 的定性和定量分析方法。

实验原理

诺氟沙星是腹泻时常用的一种喹诺酮类抗菌药。喹诺酮类药物以 4-喹诺酮结构为结构母核，具有抗菌谱广、抗菌活性强、与其他抗菌药物无交叉耐药性等特点，广泛应用于动物和人类的多种感染性疾病的预防和治疗。但是，喹诺酮类药物的过量使用也会对食品安全和社会公共卫生造成严重威胁。目前，液相色谱-质谱联用技术已被广泛应用于喹诺酮类药物残留量的测定。与其他检测方法相比较，LC-MS 法具有定性和定量准确、检测限低、无需衍生化等优点，通过质谱数据信息，还能够推断被分析物的元素组成和分子结构。

仪器及试剂

仪器：液相色谱-质谱联用仪（ExionLC AC 液相色谱仪，美国 AB Sciex 公司；4500 Qtrap 质谱仪，美国 AB Sciex 公司；Phenomenex Kinetex C18 色谱柱，2.6μm，2.1mm×100mm），分析天平，容量瓶（100mL），旋涡混匀器，高速离心机，注射器（10μL），微量移液器。

试剂：诺氟沙星标准品，甲醇（LC-MS 级），甲酸（LC-MS 级），去离子水。

实验步骤

1. 诺氟沙星储备溶液的配制

准确称取 10.0mg 诺氟沙星标准品，用甲醇溶解，定容至 100mL，配制成溶液浓度为 $100\mu g \cdot mL^{-1}$ 的高浓度储备液。

2. 诺氟沙星标准溶液的配制

将上述储备液，用甲醇/水/甲酸（体积比为 50∶50∶0.1）逐级稀释，配制成浓度为 $2.5ng \cdot mL^{-1}$、$5ng \cdot mL^{-1}$、$10ng \cdot mL^{-1}$、$25ng \cdot mL^{-1}$、$50ng \cdot mL^{-1}$、$100ng \cdot mL^{-1}$ 的系列标准溶液。

3. 诺氟沙星的 LC-MS 分析

HPLC 条件：Phenomenex Kinetex C18 色谱柱（2.6μm，2.1mm×100mm），流动相为甲醇/水/甲酸（体积比为 50∶50∶0.1），流速为 $0.4mL \cdot min^{-1}$，柱温为室温，进样量为 10μL。

离子源设置为电喷雾离子源正离子模式（ESI+），用 $200ng \cdot mL^{-1}$ 诺氟沙星标准溶液经注射泵以 $10\mu L \cdot min^{-1}$ 的流速进样。在 m/z 200～400 扫描范围内以正离子模式进行一级质谱图扫描，通过调节去簇电压（DP）为 70V，确定 m/z 319.9 为母离子及 m/z 302.0、m/z 276.1 为子离子进行扫描，调节 DP、出口电压（CXP）、碰撞电压（CE）参数，使母、子离子都具有一定的强度，一般母离子的强度占 1/4～1/3 为最佳。通过多反应监测（MRM）模式获得数据：选择 m/z 319.9→m/z 302.0、m/z 319.9→m/z 276.1 作为定性离子对，选择 m/z 319.9→m/z 302.0 作为定量离子对。

其他仪器参数设置：Curtain gas，30psi（1psi=6.89kPa）；Ionspray voltage，5.5kV；Temperature，0℃；Ion Source Gas1，20psi；Ion Source Gas2，0psi；Interface Heater，on；Collision Gas，Medium。

4. 标准曲线的绘制

将浓度为 $2.5ng \cdot mL^{-1}$、$5ng \cdot mL^{-1}$、$10ng \cdot mL^{-1}$、$25ng \cdot mL^{-1}$、$50ng \cdot mL^{-1}$、$100ng \cdot mL^{-1}$ 的系列标准溶液，在拟定的质谱条件下测定，每个溶液平行测定 3 次，用以计算标准曲线。标准曲线由诺氟沙星在多反应监测（MRM）模式下选择离子的峰面积对组分浓度经回归处理，得到回归方程式。

5. 未知浓度样品的测定

将样品在拟定的条件下测定，平行测定 6 次，计算诺氟沙星平均含量，分析实验的精密度。

结果与讨论

对照诺氟沙星试样结构，从下面几方面对谱图进行解析。

① 判别分子离子峰，以确定分子量。

② 通过对谱图中各碎片离子、亚稳离子、分子离子的化学式、m/z、相对峰高等信息分析，根据各类化合物的分裂规律，找出各碎片离子产生的途径，从而拼凑出整个分子结构。

 思考题

1. 多反应监测（MRM）模式定量分析的优点是什么？
2. 总离子色谱图是怎样得到的？质量色谱图是怎样得到的？
3. 进样量过大或过小会对测试产生什么影响？

参考文献

[1] 许莺婷，王伟影，颜伟华. 高效液相色谱-串联质谱法测定鱼粉中诺氟沙星、环丙沙星和恩诺沙星残留量的不确定度评估[J]. 食品安全质量检测学报，2021，12（8）：3321-3327.

[2] 温家欣，刘丛丛，曹雅静，等. 高效液相色谱-串联质谱法测定蜂胶中洛美沙星、培氟沙星、氧氟沙星、诺氟沙星残留量[J]. 分析试验室，2020，39（10）：1213-1217.

实验 11

对氨基苯甲酸乙酯的多步骤合成

 实验目的

1. 通过对氨基苯甲酸乙酯的合成，了解药物合成的基本过程。
2. 掌握多步合成（氧化、酯化、乙酰化等）的反应原理及操作。

 实验原理

对氨基苯甲酸乙酯又被称为苯佐卡因，作为一种简单的局麻药，有效、低毒。对氨基苯甲酸乙酯在水中部分溶解，更易溶于乙醇、氯仿和乙醚；熔点为 88~90℃，沸点为 310℃，密度为 $1.17g \cdot cm^{-3}$。它对光和低于 30℃ 的温度比较敏感。

对氨基苯甲酸乙酯可以通过对氨基苯甲酸和乙醇的酯化反应得到，或者通过对硝基苯甲酸乙酯的还原得到。本实验以对甲苯胺为原料，通过乙酰化、氧化、酯化等步骤合成对氨基苯甲酸乙酯，反应过程如下：

$$CH_3C_6H_4NH_2 \xrightarrow[CH_3CO_2Na]{(CH_3CO)_2O} CH_3C_6H_4NHCOCH_3 + CH_3CO_2H$$

$$CH_3C_6H_4NHCOCH_3 + 2KMnO_4 \longrightarrow CH_3CONHC_6H_4CO_2K + 2MnO_2 + H_2O + KOH$$

$$CH_3CONHC_6H_4CO_2K + H^+ \longrightarrow CH_3CONHC_6H_4CO_2H + K^+$$

$$CH_3CONHC_6H_4CO_2H + H_2O \xrightarrow{H^+} NH_2C_6H_4CO_2H + CH_3CO_2H$$

$$NH_2C_6H_4CO_2H + CH_3CH_2OH \xrightarrow{H_2SO_4} NH_2C_6H_4CO_2C_2H_5 + H_2O$$

仪器及试剂

仪器：烧杯（500mL），圆底烧瓶（100mL），回流冷凝管，分液漏斗（125mL），电热套（250mL），加热搅拌装置，抽滤装置，熔点仪，蒸馏装置，傅里叶变换红外光谱仪。

试剂：对甲苯胺（AR），乙酸酐（AR），结晶醋酸钠（AR），$KMnO_4$（AR），结晶硫酸镁（AR），乙醇（95%）（AR），盐酸（AR），氨水（AR），硫酸（AR），Na_2CO_3水溶液（10%），乙醚（AR），无水硫酸镁（AR），pH试纸，石蕊试纸等。

实验步骤

1. 对甲基乙酰苯胺的制备（氨基的乙酰化保护）

在500mL烧杯中，加入7.5g对甲苯胺、170mL水和7.5mL浓盐酸，水浴温热促使水解。用活性炭脱色，脱色后的溶液加热至50℃，加入乙酸酐8mL，并加入预先配好的醋酸钠溶液（12g结晶醋酸钠溶于20mL水中），充分搅拌后冷却，出现白色沉淀，抽滤，洗涤，产品在红外灯下干燥，称重，测熔点（154℃）。

2. 对乙酰氨基苯甲酸的制备（甲基的氧化）

在500mL烧杯中加入上述制得的对甲基乙酰苯胺、20g结晶硫酸镁和350mL水，水浴加热到85℃；在另一烧杯中加入20.5g $KMnO_4$和70mL水，加热使$KMnO_4$溶解。将$KMnO_4$溶液在30min内分批加入对甲基乙酰苯胺混合物中，加完后继续搅拌15min得深棕色溶液；趁热抽滤，除去MnO_2沉淀，并用热水洗涤。若溶液显紫色，用2mL 95%乙醇加热煮沸至紫色消失，过滤。滤液冷却后加20% H_2SO_4酸化，生成白色固体，抽滤，干燥后测熔点（250~252℃）。

3. 对氨基苯甲酸的制备（乙酰氨基苯甲酸的水解）

将对乙酰氨基苯甲酸加入圆底烧瓶，每克湿产物加入5mL 18%的盐酸，加热回流30min使对乙酰氨基苯甲酸水解。反应物冷却后，加入30mL冷水并充分搅拌，然后用10%氨水中和，使反应混合物对石蕊试纸恰呈碱性。最后每30mL溶液加1mL冰醋酸，搅拌后骤冷引发结晶。抽滤，洗涤，干燥，称重，计算产率，测熔点（186~187℃）。

4. 对氨基苯甲酸乙酯的制备

在100mL圆底烧瓶中加入2g对氨基苯甲酸、25mL 95%乙醇，搅拌使其溶解。加2mL浓H_2SO_4，加热使其保持回流状态1h。混合物冷却后用大约12mL 10% Na_2CO_3溶液分批中和，直至 pH 为 9 左右。将溶液倾倒入分液漏斗中，用少量乙醚洗涤剩余固体并入分液漏斗中。加 40mL 乙醚，振摇后分出醚层，用无水 Mg_2SO_4 干燥后，蒸去乙醚和大部分乙醇，油状残余物用乙醇-水重结晶。干燥后称重，计算产率，测熔点（91~92℃）。用傅里叶变换红外光谱仪测试产品的红外光谱图。

结果与讨论

1. 测出每一步产物的熔点，并说明每一步产品的外观状态，初步分析得到的产物。
2. 确定对乙酰氨基苯甲酸及对氨基苯甲酸乙酯的产率，分析如何提高每一步的产率。
3. 分析产品的红外光谱图，指出各主要吸收峰的归属。

思考题

1. 对甲苯胺用乙酸酐酰化时加入醋酸钠的目的是什么？
2. 高锰酸钾氧化步骤加入结晶硫酸镁的目的是什么？
3. 对氨基苯甲酸乙酯在工业生产中是以对硝基甲苯为原料生产的，请说明该工艺过程。

参考文献

[1] 曾昭琼. 有机化学实验 [M]. 3 版. 北京：高等教育出版社，2002.
[2] 兰州大学、复旦大学化学系有机化学教研室. 有机化学实验 [M]. 2 版. 北京：高等教育出版社，1994.

实验 12

N-苄氧基-2-氯-2-苯乙酰胺的合成与表征

实验目的

1. 了解有机化合物多步合成的基本流程。
2. 掌握 Knoevenagel 缩合、环氧化、环氧化合物的开环等反应的机理。
3. 学会运用薄层色谱跟踪反应的进程，巩固抽滤、减压蒸馏、重结晶等基本操作。
4. 了解并掌握红外图谱和核磁图谱的解析方法。

实验原理

本实验以苯甲醛和丙二腈为起始原料，通过 Knoevenagel 缩合反应、环氧化反应、环氧化合物的开环反应等 3 步反应合成得到产物，各步反应进程可用薄层色谱跟踪监测，终产物 N-苄氧基-2-氯-2-苯乙酰胺通过重结晶提纯，用红外光谱和核磁共振对产物结构进行表征，验证产物结构。实验涉及的合成路线如图 1-10 所示。

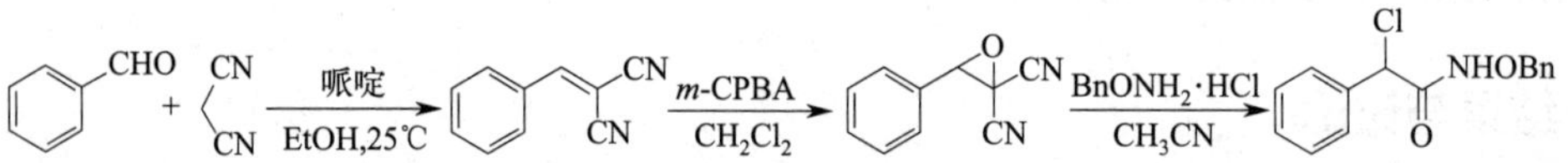

图 1-10 合成路线

本实验各步反应的机理如图 1-11 所示。第 1 步 Knoevenagel 缩合反应中，丙二腈在哌啶的作用下形成丙二腈碳负离子，碳负离子进攻苯甲醛的羰基，生成 β-羟基苄基丙二腈 **1**，其再脱水生成苄烯丙二腈 **2**。

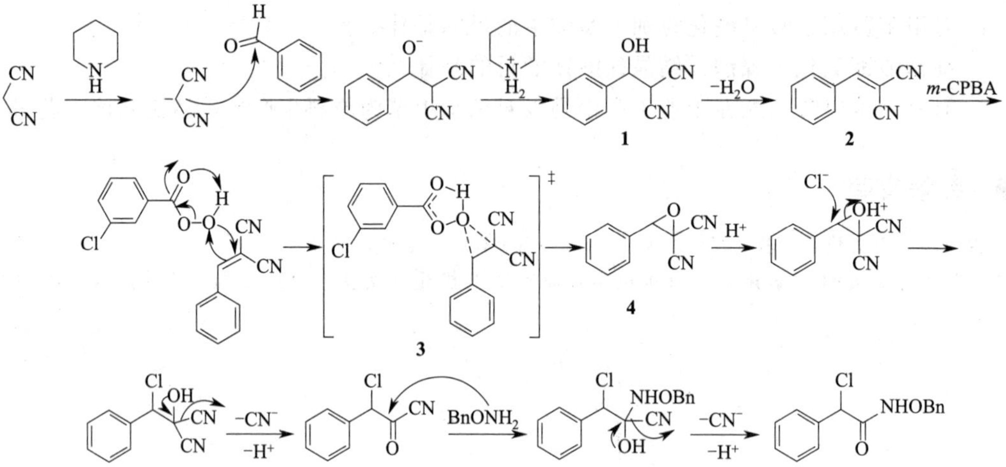

图 1-11 反应机理示意图

第 2 步环氧化反应中，苄烯丙二腈与间氯过氧苯甲酸发生 Prileschajew 反应，经过过渡态 **3** 生成环氧苄基丙二腈 **4**。第 3 步反应中，氯负离子作为亲核试剂进攻环氧苄烯丙二腈 **4**，环氧键开环，离去一个氰基负离子后生成 2-氯-2-苯基乙酰腈 **6**，苄氧基胺再与其发生亲核取代反应生成产物 N-苄氧基-2-氯-2-苯乙酰胺 **8**。

仪器及试剂

仪器：圆底烧瓶，分液漏斗，磁力加热搅拌装置，旋转蒸发仪，核磁共振仪，傅里叶变换红外光谱仪等。

试剂：苯甲醛，哌啶，丙二腈，间氯过氧苯甲酸（85%），苄氧基胺盐酸盐（安耐吉化学），乙醇，二氯甲烷，乙腈。所有试剂均直接使用，不需进一步提纯。

实验步骤

1. 苄烯丙二腈的合成

在 150mL 的圆底烧瓶中依次加入 2.12g（20mmol）苯甲醛、1.32g（1.26mL，

20mmol）丙二腈、20mL 乙醇，搅拌溶解后呈无色溶液，再加入 0.17g（0.18mL，2mmol）哌啶，溶液变黄，约 10min 后溶液变浑，出现黄色固体。采用薄层色谱法（TLC）跟踪反应，展开剂为石油醚/乙酸乙酯（体积比为 5∶1），产物 $R_f=0.5$，室温搅拌 1～2h，待苯甲醛完全消失后结束反应。反应液停止搅拌后直接抽滤，得黄色固体，用少量乙醇洗涤，抽干得淡黄色固体苄烯丙二腈，计算产率。产物不需进一步纯化，直接用于下一步反应。

2. 环氧苄烯丙二腈的合成

在 150mL 的圆底烧瓶中依次加入 2.93g（19mmol）苄烯丙二腈、30mL 二氯甲烷，搅拌溶解后分批加入 4.63g（26mmol）间氯过氧苯甲酸（85%）。采用薄层色谱法（TLC）跟踪反应（石油醚与乙酸乙酯体积比为 5∶1，产物 $R_f=0.55$），待原料苄烯丙二腈完全消失后，结束反应，本步反应约需 8～12h。向反应液中加入 50mL 饱和碳酸氢钠溶液，再用固体碳酸氢钠调至 pH>7，分液，收集有机相，水相再用二氯甲烷萃取 3 次（每次 15mL），合并有机相。将有机相用无水硫酸镁干燥后过滤，滤液在旋转蒸发仪上浓缩得淡棕色液体，冷却后为淡棕色固体，计算产率。产物不需进一步提纯，直接用于下步反应。

3. N-苄氧基-2-氯-2-苯乙酰胺的合成

在 100mL 圆底烧瓶中依次加入 2.87g（16.9mmol）环氧苄烯丙二腈、3.23g（20.2mmol）苄氧基胺盐酸盐、30mL 乙腈，加热回流反应 2h，用薄层色谱法（TLC）跟踪反应（石油醚与乙酸乙酯体积比为 3∶1，产物 $R_f=0.25$），待原料环氧苄烯丙二腈消失后结束反应。反应液冷却至室温后，加入 20mL 次氯酸钠溶液并在室温下搅拌 1h，再在旋转蒸发仪上浓缩除去大部分乙腈，然后加入 30mL 水、30mL 乙酸乙酯，搅拌溶解后分液，收集有机相，水相用乙酸乙酯萃取 3 次（每次 10mL），合并有机相，并用无水硫酸镁干燥后过滤，滤液在旋转蒸发仪上浓缩得粗产品，为黄色油状物。粗产品用石油醚和乙酸乙酯重结晶提纯，步骤如下：先向粗产品中加入 5mL 乙酸乙酯溶解产物，再滴加石油醚至刚好变浑，室温静置 1～2h，析出白色固体，抽滤得产物。计算产率，产物干燥后可直接用于测试红外光谱和核磁共振谱。

4. 红外光谱测定

在红外光谱仪上测定产物的红外吸收峰（用 KBr 压片，扫描范围为 4000～400cm^{-1}），主要观察 N—H 键、C—H 键、羰基等强吸收峰。

5. 核磁共振谱测定

① 样品管准备：浓硝酸浸泡以清洗核磁管→水洗→蒸馏水洗→无水丙酮洗→烘干（120℃，1h）。

② 取样品 2～5mg，放于样品管内，加入 0.5mL CDCl$_3$，盖上样品管盖子。

③ 在核磁共振仪上测定 NMR 谱，给出峰图和积分并打印或导出谱图数据。

结果与讨论

1. 红外光谱特征吸收峰的解析

从红外图谱中可得知：N—H 键的伸缩振动吸收峰为_____ cm^{-1}；苯环上 C—H 键的伸缩振动吸收峰为_____ cm^{-1}；CH$_2$ 中 C—H 键的伸缩振动吸收峰为_____ cm^{-1} 和_____ cm^{-1}；羰基的伸缩振动吸收峰为_____ cm^{-1}；C—O 键的伸缩振动吸收峰

为 _____ cm^{-1}。

2. N-苄氧基-2-氯-2-苯乙酰胺的 ^{1}H NMR 和 ^{13}C NMR 波谱的解析（表 1-3）

表 1-3 实验数据表

化学位移							
基团							
相对面积之比							

思考题

1. 请分别描述 Knoevenagel 缩合反应及环氧化反应的机理。在 Knoevenagel 缩合反应中，哌啶的作用是什么？在环氧化反应中，间氯过氧苯甲酸的作用机制是什么？请分析这些反应如何影响最终产物的结构。

2. 在本实验中，薄层色谱（TLC）被用于跟踪反应进程。请解释如何选择合适的展开剂以及如何通过分析 TLC 结果来判断反应的完成情况。同时，请讨论不同 R_f 值可能指示的化合物信息，以及最终如何确定产品的 R_f 值。

3. 本实验中使用了红外光谱（FTIR）图对合成产物进行表征。请列举出在 FTIR 图中可能出现的特征吸收峰及其对应的功能团或结构信息。

参考文献

王刚，孙琦，何照林，等. 综合型有机化学实验设计：N-苄氧基-2-氯-2-苯乙酰胺的合成与表征［J］. 化学教育（中英文），2021，42（8）：49-52.

实验 13

聚苯胺的制备及表征

实验目的

1. 掌握化学氧化法及电化学氧化法制备聚苯胺的原理和过程。
2. 熟悉聚苯胺的性质和应用。

实验原理

聚苯胺是半柔性棒状并具有导电性的聚合物。聚苯胺的发现始于 150 年以前，但直到

20 世纪 80 年代，由于发现其高的导电性，它才引起研究者的广泛注意。在众多的导电聚合物及无机半导体材料中，聚苯胺易于合成，环境稳定性好，可简单地掺杂/去掺杂。

1. 聚苯胺的氧化状态

聚苯胺即是以苯胺为单体所形成的聚合物。苯胺所进行的聚合反应属于氧化反应。又因氧化程度不同，一条聚苯胺高分子长链有可能具备两种单元，一种是相邻两苯胺单体以氨基（氮原子以 sp^3 方式杂化）相接，形成如图 1-12 中的还原单元，即苯-苯还原形式；另一种则是以亚胺基团（氮原子以 sp^2 方式杂化）相接，形成氧化单元，也就是苯-醌氧化形式。它的结构如图 1-12 所示，图中 x 等于聚合度的一半。

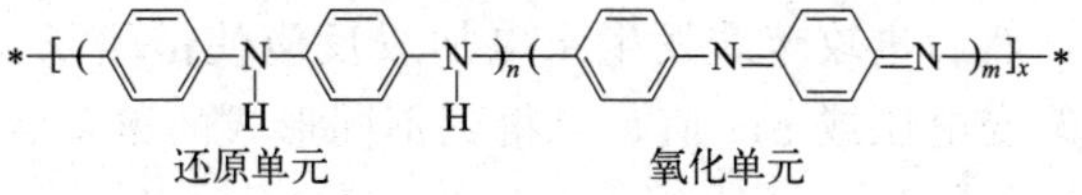

图 1-12 聚苯胺的结构

一条聚苯胺高分子长链中，氧化单元与还原单元的比例不尽相同，根据其比例变化，可将聚苯胺分成三种不同形式：若高分子皆以还原形式单元相接，则形成外观为白色的还原态聚苯胺（leucoemeraldine，简记为 LE）；相反地，若皆以氧化形式单元相接，则形成外观为紫色的聚对苯亚胺（pernigraniline-base，简记为 PNB）；若高分子氧化态处于完全还原与完全氧化形式之间，则形成外观呈绿/蓝色的碱式聚苯胺（emeraldine base，简记为 EB）。EB 形式的聚苯胺可通过简单的酸掺杂过程（亚胺上的氮原子易被质子化）而形成绿色的盐式聚苯胺（emeraldine salt，简记为 ES），其反应式如图 1-13 所示。

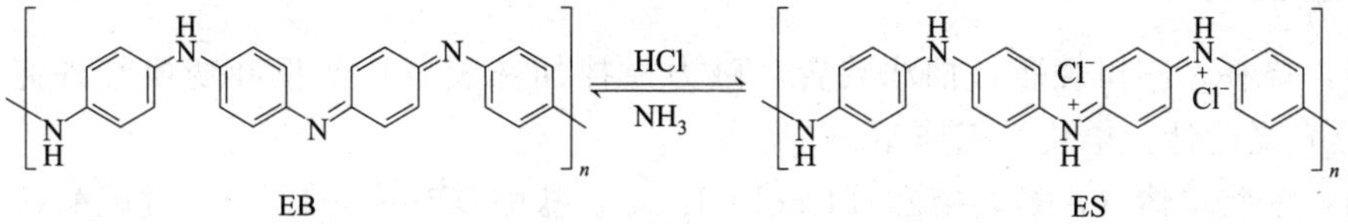

图 1-13 聚苯胺及其盐的转化

碱式聚苯胺被认为是最有用的聚苯胺形式，一方面，其在室温下具有高的稳定性，而且酸掺杂后形成的盐具有良好的导电性，导电机理如图 1-14 所示。另一方面，若加入碱中和酸性 ES，其将再次转化为 EB，不再具有导电性。而 LE 和 PNB 是不良导体，即使通过酸掺杂，导电性仍很差。

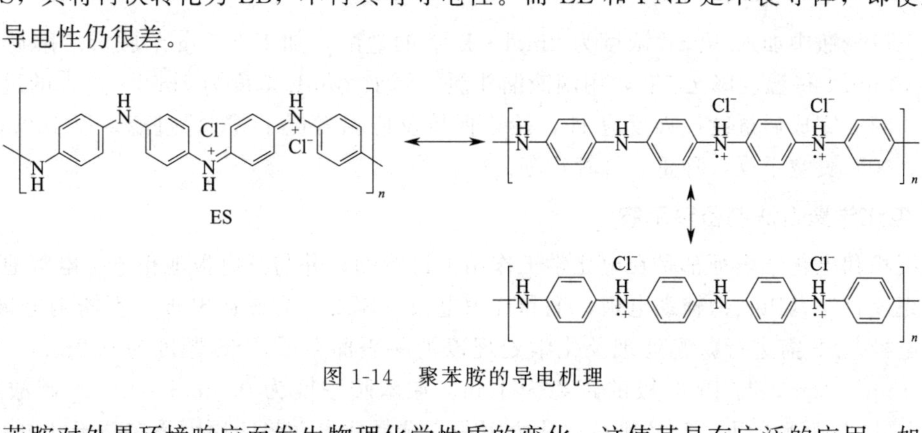

图 1-14 聚苯胺的导电机理

聚苯胺对外界环境响应而发生物理化学性质的变化，这使其具有广泛的应用，如可用来制作有机电子元件、传感器及电化学器件等。

2. 聚苯胺的制备原理

① 化学氧化聚合法。在酸性介质及室温条件下，通过过硫酸铵对苯胺盐酸盐的氧化而得到聚苯胺，所得产物为 ES，从水溶液中沉淀出来。

$$4n\,\text{C}_6\text{H}_5\text{-NH}_2\cdot\text{HCl} + 5n(\text{NH}_4)_2\text{S}_2\text{O}_8 \longrightarrow$$

$$\left[-\text{NH-C}_6\text{H}_4\text{-}\overset{+\cdot}{\text{N}}\text{H}(\text{Cl}^-)\text{-C}_6\text{H}_4\text{-NH-C}_6\text{H}_4\text{-}\overset{+\cdot}{\text{N}}\text{H}(\text{Cl}^-)\text{-C}_6\text{H}_4\text{-}\right]_n + 2n\text{HCl} + 5n\text{H}_2\text{SO}_4 + 5n(\text{NH}_4)_2\text{SO}_4$$

② 电化学聚合。电流通过电解质溶液，反应物在阳极上失电子而氧化，在阴极上得电子而还原，从而有聚合物产生，这个过程即称为电化学聚合。苯胺在阳极上因失电子而氧化，形成自由基阳离子，然后进攻苯胺发生亲电加成反应使链增长，接着进一步发生聚合，最后生成聚苯胺。通过改变电压或 pH 值，可得到不同形式的聚苯胺。

仪器及试剂

仪器：烧杯，三口烧瓶，抽滤装置，磁力搅拌加热装置，傅里叶变换红外光谱仪，紫外-可见分光光度计，电化学工作站。

试剂：苯胺单体（AR），硫酸（$1\text{mol}\cdot\text{L}^{-1}$），盐酸（$2\text{mol}\cdot\text{L}^{-1}$），过硫酸铵（$2\text{mol}\cdot\text{L}^{-1}$）（AR），$N$-甲基吡咯烷酮（NMP）（AR）。

实验步骤

1. 化学氧化法制备聚苯胺

在三口烧瓶中加入 50mL 浓度为 $2\text{mol}\cdot\text{L}^{-1}$ 的盐酸，加入 2.59g 苯胺，溶解后在冰浴下搅拌 10min。待温度降至 5℃，用滴液漏斗缓慢滴加 25mL 浓度为 $2\text{mol}\cdot\text{L}^{-1}$ 的过硫酸铵水溶液。滴加完成后继续搅拌反应 1h，始终保持反应温度低于 5℃。过滤，以 100mL 水洗涤 3 次，60℃真空干燥，称重，计算产率。

2. 电化学聚合法制备聚苯胺

电沉积和电化学表征都是在电化学工作站上进行的，并与三电极池相连。电解池由三电极体系组成，铂（Pt）为辅助电极，饱和甘汞电极（SCE）为参比电极，不锈钢电极（SS）为工作电极。SS 需进行抛光处理及化学处理以消除表面杂质，SS 厚度为 0.2mm，沉积表面积为 1cm×1cm，与 Pt 电极的距离为 1cm。在苯胺浓度为 $0.5\text{mol}\cdot\text{L}^{-1}$、硫酸浓度为 $1\text{mol}\cdot\text{L}^{-1}$ 的溶液中以 0.75V 进行电化学沉积。选择此电动势的原因是在高于此电动势下，聚苯胺由 EM 形式转化为 PE 形式。反应完成后电极用蒸馏水洗涤，40℃真空干燥一天。利用循环伏安法观察得到的聚苯胺的电化学性质，确定循环伏安曲线的特征峰。

3. 聚苯胺的表征

将按上述两种方法制得的聚苯胺取 2~3mg 分别溶于 NMP 中，将溶液滴到 KBr 片上，进行红外光谱测定，指出主要吸收峰的归属。利用紫外-可见分光光度计分析聚苯胺的 NMP 溶液的 UV-Vis 光谱。

结果与讨论

1. 观察化学氧化法制备聚苯胺时反应体系颜色的变化。
2. 观察电化学聚合法制备聚苯胺时，随着电势的改变，膜的颜色的变化情况。
3. 分析聚苯胺的循环伏安曲线特征峰，指出聚苯胺的氧化、还原特征。
4. 分析聚苯胺的红外光谱图，指出特征吸收峰。
5. 分析聚苯胺的 NMP 溶液的 UV-Vis 光谱，注意特征吸收峰。

思考题

1. 聚苯胺的氧化态有哪几种？各有什么结构特征？
2. 聚苯胺的紫外-可见吸收光谱中为什么会出现相应的峰值？
3. 电化学反应是否需要搅拌？

参考文献

[1] 张雷, 杨良准, 潘洁, 等. 苯胺在酪氨酸功能化的玻碳电极表面的聚合及应用 [J]. 大学化学, 2010, 25 (6): 52-57.
[2] 阮孟财, 缪文泉, 童晓敏, 等. 电化学方法制备聚苯胺膜及其表征 [J]. 上海大学学报（自然科学版）, 2010, 16 (5): 530-535.

实验 14

二氧化硅/聚甲基丙烯酸甲酯核壳复合微球的制备及表征

实验目的

1. 掌握原位乳液聚合法制备核壳型 SiO_2/PMMA 复合微球的原理和实验方法。
2. 了解无机/聚合物复合微球的制备原理和性质。

实验原理

具有一定形貌和性能的胶体二氧化硅/聚合物复合微球是一种新型复合材料,由于其兼具无机物和聚合物的性能,在机械、电学、光学、化学等方面具有许多优异的性能,因此在催化、表面涂层、分离、生物工程等领域有广泛的应用前景。

核壳型二氧化硅/聚合物复合微球包括两种结构,即聚合物为核、二氧化硅为壳或者二氧化硅为核、聚合物为壳。目前,已发展出很多制备方法,包括溶胶-凝胶法(用于制备胶体二氧化硅包覆聚合物)、原位异相聚合技术(通常用于制备聚合物包覆二氧化硅)以及自组装技术。其中,原位异相聚合技术被广泛应用于核壳型复合材料的制备。异相聚合技术是指在二氧化硅存在下,将其作为填料或种子,利用单体通过特定方法进行聚合,这些方法包括乳液聚合、分散聚合和悬浮聚合法等。值得注意的是,原位乳液聚合(通常称为种子乳液聚合,因为以二氧化硅作为种子)是制备聚合物包覆二氧化硅材料的最常用方法。

为了克服聚合物和无机物的不相容性,在复合材料的制备过程中通常要求提高两者的相容性。常采用的策略有两种:①通过化学或物理作用对无机离子进行改性(常用硅烷偶联剂),提高其表面疏水性;②在无机离子表面吸附聚合的主要成分,如单体、引发剂等。二氧化硅粒子经过功能化后,便可采用不同聚合方法实现聚合物对二氧化硅粒子的包覆。

本实验基于溶胶-凝胶法和乳液聚合方法制备二氧化硅/聚甲基丙烯酸甲酯复合微球。

1. 含有初始二氧化硅粒子的分散液的制备

首先利用溶胶-凝胶方法合成含有初始二氧化硅粒子的分散液,包括如下机理:

水解:

$$\mathrm{-Si-OR} + H_2O \xrightarrow{H^+ \text{或} OH^-} \mathrm{-Si-OH} + ROH, \quad R=\text{烷烃}$$

缩合:

$$\mathrm{-Si-OH} + \mathrm{HO-Si-} \xrightarrow{H^+ \text{或} OH^-} \mathrm{-Si-O-Si-} + H_2O$$

$$\mathrm{-Si-OH} + \mathrm{RO-Si-} \xrightarrow{H^+ \text{或} OH^-} \mathrm{-Si-O-Si-} + ROH$$

如果以上水解缩合反应全部完成,可用以下反应表示:

$$Si(OR)_4 + 2H_2O \xrightarrow{H^+ \text{或} OH^-} SiO_2 + 4ROH$$

2. 二氧化硅/聚合物复合微球的制备

二氧化硅粒子呈三维网络结构,表面带有硅氧基团或硅羟基,从而显示亲水性。加入带有双键的硅烷偶联剂(如甲基丙烯酰氧基丙基三甲氧基硅烷,γ-MPS)对二氧化硅进行改性,SiO_2 微球表面的羟基同硅烷偶联剂中 Si—O 键水解生成的 Si—OH 发生缩合反应,从而生成 Si—O—Si 键,使 SiO_2 表面接枝上碳碳双键(C=C)。

MPS 提供了可以进一步与聚合物发生共聚反应的 C=C 键。遵照经典的乳液聚合配方，甲基丙烯酸甲酯（MMA）在表面改性二氧化硅的存在下进行乳液聚合，从而实现了聚合物链段对 SiO_2 核的包覆，最后得到单分散的 SiO_2/聚合物核壳复合微球。反应过程如下所示。

仪器及试剂

仪器：三口烧瓶（100mL、1000mL），回流装置，减压蒸馏装置，磁力加热搅拌装置，机械搅拌装置，索氏提取器，傅里叶变换红外光谱仪，高速离心机，超声波清洗器，氮气钢瓶，透射电子显微镜，热重分析仪，凝胶渗透色谱仪。

试剂：无水乙醇（AR），正硅酸乙酯（AR），浓氨水（质量浓度为 25%～28%），甲基丙烯酰氧基丙基三甲氧基硅烷（γ-MPS）（AR），甲基丙烯酸甲酯（MMA，使用前减压蒸馏）（AR），十二烷基磺酸钠（SDS）（AR），过硫酸钾（AR）。

实验步骤

1. 采用溶胶-凝胶反应制备胶体二氧化硅

在装有温度计、机械搅拌器的 1000mL 三口烧瓶中加入 600mL 无水乙醇、100mL 蒸馏水、40mL 正硅酸乙酯，充分搅拌均匀。然后一次性加入 28mL 26%的氨水，室温下剧烈搅拌反应 24h，得到乳白色、均匀的二氧化硅分散液。

为了在二氧化硅表面引入双键，将 10g 甲基丙烯酰氧基丙基三甲氧基硅烷加入上述分散液中，在室温下连续搅拌 24h 后，离心、无水乙醇洗涤，反复 3 次，以除掉多余的硅烷偶联剂、氨水以及正硅酸乙酯，然后 60℃真空干燥 12h，得到表面接枝双键的二氧化硅微球。

2. 采用原位乳液聚合制备二氧化硅/聚甲基丙烯酸甲酯核壳复合微球

将 0.1g 乳化剂即十二烷基磺酸钠（SDS）加入 100mL 蒸馏水中并在 50℃的温度下溶解。然后将 5g 表面接枝双键的二氧化硅微球加入上述溶液中，超声分散 30min，再加入 5g MMA。将上述混合液加入装有磁力搅拌器、温度计、回流冷凝管并有氮气保护的 250mL 烧瓶中。待温度升到 75℃时，逐滴加入 0.1g 过硫酸钾（KPS），搅拌反应 12h。将得到的乳液用高速离心机（6000r·min^{-1}）离心后，固体用蒸馏水洗涤 2～3 次，于 60℃真空干燥 12h，即得到二氧化硅聚合物复合粒子，称重。

单体转化率采用重量法确定。将 3～7g 分散乳液放入铝箔中 70℃干燥至恒重，按下述公式计算转化率：

$$\text{转化率}(\%) = \frac{\text{干燥后固体产物用量}(g) - \text{二氧化硅用量}(g)}{\text{单体用量}(g)} \times 100\% \tag{1}$$

3. 二氧化硅/聚甲基丙烯酸甲酯核壳复合微球的表征

利用傅里叶变换红外光谱（FTIR）表征原始二氧化硅、硅烷偶联剂处理的二氧化硅以及二氧化硅复合微球表面化学结构的变化。分别将样品在索氏提取器中用丙酮为溶剂抽提24h后，80℃下真空干燥12h，再用KBr压片，进行FTIR分析。

利用透射电子显微镜观察复合微球的尺寸和形貌。将二氧化硅原分散液以及乳液聚合后的乳液分别用蒸馏水稀释后，取几滴沉积在铜网上，晾干后用透射电子显微镜观察。

采用热重法确定复合微球内聚合物的含量。复合微球在空气中从室温加热至800℃，空气流速为 $50\text{mL}\cdot\text{min}^{-1}$，加热速率为 $10℃\cdot\text{min}^{-1}$。按下式计算复合微球中聚合物含量（CP，$\text{g}\cdot\text{g}^{-1}$）：

$$\text{CP} = \frac{m_1 - m_2}{m_1} \tag{2}$$

式中，m_1 为复合粒子质量；m_2 为加热分解后复合粒子质量。

将少量纳米二氧化硅复合材料加入适量HF溶液中，充分搅拌使二氧化硅被HF刻蚀，然后将未溶物加入适量丙酮中溶解，将上层透明的丙酮溶液倾入大量甲苯中充分沉淀即得到较纯净的PMMA。将得到的较纯净的聚合物采用凝胶渗透色谱仪进行分子量及其分子量分布测试，所采用的流动相为四氢呋喃（THF），标准样品为聚苯乙烯。

结果与讨论

1. 试比较二氧化硅原粉、硅烷处理二氧化硅、二氧化硅/聚甲基丙烯酸甲酯复合微球的红外光谱图，特别注意特征吸收峰的变化，以判断是否形成了复合材料。

2. 观察原始二氧化硅、二氧化硅聚合物复合微球的形貌有什么不同、颗粒大小是否发生了变化。

3. 确定单体甲基丙烯酸甲酯的转化率以及复合微球中聚合物的含量，并与复合微球中聚合物的理论含量比较。

思考题

1. 乳液聚合前二氧化硅为什么要先用硅烷偶联剂进行处理？硅烷偶联剂与二氧化硅反应的机理是什么？
2. 传统乳液聚合体系的组成是什么？乳液聚合有哪些特点？
3. 样品做红外光谱分析前在索氏抽提器中用丙酮进行抽提24h的目的是什么？

参考文献

[1] Zheng J Z, Zhou X P, Xie X L, et al. Silica hybrid particles with nanometre polymer shells and their influence on the toughening of polypropylene [J]. Nanoscale, 2010, 2: 2269-2274.

[2] 方建勇, 刘晓丽, 路子阳, 等. 无皂乳液聚合法制备聚甲基丙烯酸甲酯包覆厚度可控的纳米核-壳二氧化硅微球 [J]. 高等学校化学学报, 2008, 29 (10): 2079-2082.

实验 15
二茂铁及其衍生物的合成、分离和鉴定

实验目的

1. 掌握二茂铁、乙酰二茂铁和钨硅酸二茂铁的合成方法。
2. 掌握柱色谱和薄板色谱分离、提纯化合物的原理和方法。
3. 掌握有机金属配合物的概念以及二茂铁及其衍生物的性质。

实验原理

二茂铁是一种很稳定而且具有芳香性的金属有机化合物，分子式为 $(C_5H_5)_2Fe$，又名双环戊二烯铁，是亚铁与环戊二烯的配合物。它不仅在理论和结构研究上有重要意义，而且有很多的实际应用。

二茂铁为橙色晶体，有樟脑气味，在高于 100℃ 时就容易升华，特别是在真空状态。能溶于大多数有机溶剂，但不溶于水。熔点为 173~174℃，沸点为 249℃。

制取二茂铁的方法很多，常用的制备方法为采用二甲亚砜为溶剂，用 NaOH 作环戊二烯的脱质子剂（环戊二烯是一种弱酸，$pK_a \approx 20$），使环戊二烯变成环戊二烯负离子 $(C_5H_5^-)$，然后与 $FeCl_2$ 反应生成二茂铁。

$$Fe^{2+} + 2C_5H_5^- \Longrightarrow Fe(C_5H_5)_2$$

或者采用新鲜的环戊二烯、氢氧化钾和氯化亚铁在乙醚溶剂中进行反应一步得到二茂铁。

$$2NaC_5H_5 + FeCl_2 \Longrightarrow Fe(C_5H_5)_2 + 2NaCl$$

$$FeCl_2 \cdot 4H_2O + 2C_5H_6 + 2KOH \Longrightarrow Fe(C_5H_5)_2 + 2KCl + 6H_2O$$

二茂铁的茂基团具有芳香性，在其上能进行一系列的亲电取代反应，如磺化、酰基化等，形成多种含取代基的衍生物。本实验在磷酸催化下，由醋酸酐与二茂铁发生亲电取代反应制取乙酰二茂铁，反应如下所示。

二茂铁容易氧化成蓝色二茂铁离子 $[Fe(C_5H_5)_2]^+$。它是体积很大的阳离子，只有当它遇到体积很大的阴离子时才会成难溶盐。所以在二茂铁离子溶液中加入十二钨硅酸 $\{H_4[Si(W_3O_{10})_4]\}$ 即可形成钨硅酸二茂铁沉淀。合成钨硅酸和钨硅酸二茂铁的有关反应如下所示。

$$12WO_4^{2-} + SiO_3^{2-} + 26H^+ \Longrightarrow H_4[Si(W_3O_{10})_4] \cdot xH_2O + (11-x)H_2O$$

$$4[Fe(C_5H_5)_2]^+ + [Si(W_3O_{10})_4]^{4-} \Longrightarrow [Fe(C_5H_5)_2]_4[Si(W_3O_{10})_4] \downarrow$$

仪器及试剂

仪器：圆底烧瓶（100mL），锥形瓶，干燥管，蒸馏装置，滴液漏斗，分液漏斗，磁力加热搅拌装置，抽滤装置，柱色谱，薄层色谱，傅里叶变换红外光谱仪等。

试剂：NaOH，$FeCl_2 \cdot 4H_2O$，H_2SO_4，浓 HCl，H_3PO_4，$CaCl_2$，$NaHCO_3$，$Na_2WO_4 \cdot 2H_2O$，$Na_2SiO_3 \cdot 9H_2O$，KBr，硅胶 G（薄层色谱用），硅胶 G（柱色谱用，80～200 目），环戊二烯，二甲基亚砜，醋酸酐，二氯甲烷，甲苯，石油醚（60～90℃），乙醚，乙酸乙酯，CCl_4。

实验步骤

1. 合成二茂铁

将 25g NaOH 和 17g（0.085mol）$FeCl_2 \cdot 4H_2O$ 预先分别用研钵研细。要尽量减少 NaOH 和 $FeCl_2$ 粉末暴露在空气中的时间，因此研磨的速度要快，而且研好的粉末要盛放在密闭容器中。

由于环戊二烯容易发生二聚作用，使用前需用热解法使其解聚。为此，在 100mL 烧瓶内盛放约 30mL 环戊二烯，用蒸馏装置进行蒸馏，收集低于 44℃的馏分（环戊二烯单体和二聚体的沸点分别为 42.5℃和 170℃）。由于环戊二烯在室温缓慢生成二聚体，新蒸出的环戊二烯必须在 2～3h 内使用。

将 100mL 二甲基亚砜和已研细的 NaOH 粉末放入 250mL 三口烧瓶内，开动磁力搅拌器搅拌，同时开始通入 N_2。10min 后通过滴液漏斗将 14mL（0.17mol）环戊二烯逐滴加入烧瓶，反应液呈红色。反应 15min 后分批（约 8 批）加入已研细的 $FeCl_2 \cdot 4H_2O$ 粉末，约 40min 内加完。剧烈搅拌 10min，反应结束，停止通 N_2。将反应物注入 150mL 6mol·L^{-1} 盐酸和 100g 冰的混合物中，搅拌 30min，有黄色固体析出。抽滤，用水充分洗涤，干燥，称重，计算产率，测量熔点（173～174℃）。

2. 合成乙酰二茂铁

将 3g 二茂铁和 10mL 醋酸酐加入 50mL 锥形瓶中，在搅拌下逐滴加入 2mL 质量分数为 85% 的 H_3PO_4。用 $CaCl_2$ 干燥管保护混合物，沸水浴加热 10min。然后将其倾倒入盛有 60g 碎冰的 400mL 烧杯中不断地搅拌，待冰融化后，小心地加入固体 $NaHCO_3$ 中和反应物至无 CO_2 逸出。用冰冷却 30min。抽滤，用水洗至滤出液呈浅橙色，干燥。该产品中除乙酰二茂铁外还有未反应的二茂铁及其他杂质，需进一步分离提纯。

利用柱色谱分离粗产品中的乙酰二茂铁及未反应的二茂铁。为了确定柱色谱所用的淋洗剂，先进行薄层色谱实验。分别将少量合成的二茂铁和乙酰二茂铁粗产品溶于 2mL 甲苯中，配成它们的浓溶液，然后进行薄层色谱实验。在 5 只色谱槽中分别加入下列供选择的溶剂进行展开：①石油醚（60～90℃）；②甲苯；③二氯甲烷；④乙醚；⑤乙酸乙酯。根据化合物移动的距离（d_i）和溶剂前沿移动的距离（d_s）计算二茂铁和乙酰二茂铁在各种溶剂的比移值 R_f（$R_f = d_i/d_s$），据此为柱色谱选择合适的淋洗剂。如果某种溶剂对某一组分的 R_f 值很大,而对另一组分的 R_f 值较小,该溶剂就能使两组分在柱上获得良好的分离效果。或者,也可选择两种混合溶剂进行分离。一般来说用两溶剂进行淋洗,可节约溶剂和时间。

根据柱色谱的一般操作过程和用上述选定的淋洗剂进行过柱,根据二茂铁和乙酰二茂铁的颜色不同,分别收集。用减压蒸馏分别蒸干收集到的两份溶液。称量,计算乙酰二茂铁的产率和二茂铁的回收率。蒸馏得到的纯溶剂可回收利用。测定乙酰二茂铁的熔点(85~86℃)。

分别用 KBr 压片法在红外光谱仪上测定二茂铁和乙酰二茂铁的红外光谱。分别配制质量分数为 5% 的二茂铁和乙酰二茂铁的 CCl_4 溶液,进行核磁共振分析。

3. 合成钨硅酸二茂铁

将 25g $Na_2WO_4 \cdot 2H_2O$ 和 1.8g $Na_2SiO_3 \cdot 9H_2O$ 加入 55mL 水中,强烈搅拌并加热使其溶解。当溶液微沸时,用滴液漏斗逐滴加入 15mL 浓盐酸(滴加速度为 $1mL \cdot min^{-1}$)。冷却后再加入 12mL 浓盐酸,然后在分液漏斗中把该溶液与 18mL 乙醚一起振荡(如果不形成三个相,再加入少量乙醚)。分离出底层油状的乙醚配合物,弃去其余两相。将乙醚配合物、6mL 浓盐酸、13mL 水和 5mL 乙醚在分液漏斗中再次振荡,将下层液相放入蒸发皿,置于通风良好的通风橱内蒸发 1~2d。析出的淡黄色晶体在 70℃ 烘箱内干燥 2h。在此条件下烘干的钨硅酸有 7 个结晶水,以此计算产率。注意:合成过程中要避免钨硅酸溶液以及潮湿的晶体与任何金属接触,否则它们会变蓝色。

将 0.5g 二茂铁溶解在 10mL 浓 H_2SO_4 中,充分反应 30min 后,将其注入 150mL 水中。搅拌所得蓝色溶液几分钟,过滤除去析出的硫。将 2.5g 十二钨硅酸溶解在 20mL 水中,制成溶液。将此溶液加入上述蓝色溶液中即生成淡蓝色的钨硅酸二茂铁沉淀。过滤,用水洗涤,在空气中干燥。称重,计算产率。

结果与讨论

1. 分别将测得的二茂铁和乙酰二茂铁的熔点与文献值进行比较;计算二茂铁、乙酰二茂铁以及钨硅酸二茂铁的产率,并对结果进行讨论。

2. 分别用溴化钾压片法测定二茂铁和乙酰二茂铁的红外光谱,将其与文献标准图谱进行比较,并指出特征吸收峰的归属。

3. 分别配制二茂铁和乙酰二茂铁(质量浓度为 5%)的四氯化碳溶液,测试得到核磁共振谱,并指出各峰的化学位移及其归属。

思考题

1. 合成二茂铁为什么要在惰性气氛中进行?合成乙酰二茂铁为什么要用 $CaCl_2$ 干燥管来保护?

2. X 射线的衍射数据表明,二茂铁分子是中心对称的,而二茂铑分子不是中心对称的。基于该结果,试对两者的结构进行说明。

3. 在十二钨硅酸分子结构中(结晶水除外),有多少种不同结构的氧原子?每种结构有多少个氧原子?

4. 分别用 150℃ 加热 8h 的硅胶和暴露在大气中数天的硅胶装柱,淋洗时乙酰二茂铁在哪种柱上移动速度更快?为什么?

参考文献

[1] 兰州大学、复旦大学化学系有机化学教研室. 有机化学实验 [M]. 2 版. 北京：高等教育出版社，1994.
[2] 章文伟. 综合化学实验 [M]. 北京：高等教育出版社，2009.

实验 16
三价钴配位化合物的合成以及红外光谱表征

实验目的

1. 掌握从二价钴的硫酸盐合成三价钴的配合物的方法。
2. 通过两种配合物的制备，了解配合物的键合异构现象，以及红外光谱鉴定配合物的方法。

实验原理

以硫酸钴为起始原料，利用过氧化氢氧化得到三价钴，再与碳酸铵在不同条件下反应可得到两种不同的配合物。

仪器及试剂

仪器：天平，磁力加热搅拌装置，抽滤装置，干燥箱，红外光谱仪等。

试剂：蒸馏水，$(NH_4)_2CO_3$（AR），$CoSO_4 \cdot 7H_2O$（AR），H_2O_2（质量分数为 30%）（AR），H_2SO_4（$2.5 mol \cdot L^{-1}$），C_2H_5OH（95%）（AR），浓氨水（AR）。

实验步骤

1. $[Co(NH_3)_4(CO_3)]_2SO_4 \cdot 3H_2O$（化合物 A）的合成

用天平准确称取大约 $7g(NH_4)_2CO_3$，倒入 400mL 烧杯中，用 20mL 蒸馏水和 20mL 浓氨水将其溶解（在通风橱中进行）。称取 5g $CoSO_4 \cdot 7H_2O$ 加入另一个 400mL 烧杯中，并用 10mL 蒸馏水溶解搅拌。在不停搅拌下缓慢将第一个烧杯的溶液倒入第二个烧杯中，首先出现紫色的氢氧化二钴沉淀，然后沉淀溶解，最后得到紫色溶液。

在通风橱中进行以下操作。向该溶液中再加入30%（质量分数）的3mL双氧水，溶液中有气泡出现并呈灰白或紫色。将盛有该溶液的烧杯放在加热器上小心加热，加热过程中分批加入2g$(NH_4)_2CO_3$（每次少量），直至溶液体积蒸发至大约为30mL（无需准确测量）。蒸发过程中要保证溶液没有加热至沸腾。迅速将深紫色的热溶液进行真空抽滤，把滤液倒入100mL烧杯中，放在冰水浴中结晶。将100mL烧杯中结晶得到的紫红色晶体连同母液过滤，用5mL冰水洗涤，再用乙醇洗涤。最后真空干燥，称其质量。根据$CoSO_4 \cdot 7H_2O$的用量计算产率。测出产品的红外图谱，并和碳酸钠、硫酸钠的红外图谱进行比较。

$[Co(NH_3)_4(CO_3)]_2SO_4 \cdot 3H_2O$结构如下所示：

$$\left[\begin{array}{c} H_3N\underset{H_3N}{\overset{NH_3}{\diagdown}}Co\underset{NH_3}{\overset{O}{\diagup}}C=O \end{array} \right]_2 SO_4 \cdot 3H_2O$$

2. $[Co(NH_3)_4(OH)]_2(SO_4)_3 \cdot 3H_2O$（化合物B）的合成

称量1g左右上述得到的化合物A，放入400mL烧杯中，用30mL蒸馏水溶解。加入3.5mL 2.5mol·L^{-1} H_2SO_4，搅拌。溶液中将有气泡冒出，溶液颜色基本保持不变。向溶液中分批加入30mL乙醇，沉淀得到产物。过滤得到的粉红或红色微晶体，用10mL乙醇-水溶液（体积比为1:1）洗涤3次，最后用乙醇洗涤。真空干燥，称重，计算产率。测出产品的红外图谱，并和化合物A的红外图谱进行比较。

$[Co(NH_3)_4(OH)]_2(SO_4)_3 \cdot 3H_2O$结构如下所示：

$$\left[\begin{array}{c} H_3N\underset{H_3N}{\overset{NH_3}{\diagdown}}Co\underset{NH_3}{\overset{OH_2}{\diagup}}OH_2 \end{array} \right]_2 (SO_4)_3 \cdot 3H_2O$$

结果与讨论

1. 由测定的两种化合物的红外光谱图，标识并解释谱图中的主要特征吸收峰。
2. 根据两种异构体的红外光谱图，确认哪个是氮配位的硝基配合物，哪个是氧配位的亚硝酸根配合物。

思考题

1. 在第一步的制备中，过氧化氢的作用是什么？
2. 在$[Co(NH_3)_4(CO_3)]_2SO_4$的合成过程中释放的气体是什么？
3. 在$[Co(NH_3)_4(CO_3)]_2SO_4$的红外光谱中可以观测到哪些特征吸收峰？它的红外光谱图与Na_2CO_3以及Na_2SO_4相比有什么不同？
4. 在$[Co(NH_3)_4(OH)]_2(SO_4)_3 \cdot 3H_2O$的合成过程中释放出的气体是什么？
5. 本实验中得到的$[Co(NH_3)_4(OH)]_2(SO_4)_3 \cdot 3H_2O$为何是顺式异构体？
6. 本实验中得到的两种配合物的红外光谱图有什么差异？这种差异是什么造成的？
7. 为何配合物中配位键的特征频率不易直接测定？
8. 本实验中根据所生成的配合物的键合异构的哪些差别来进行红外光谱分析？

参考文献

[1] 北京师范大学无机化学教研室. 无机化学实验 [M]. 3 版. 北京：高等教育出版社，2001.
[2] 吴性良，朱万森. 仪器分析实验 [M]. 2 版. 上海：复旦大学出版社，2008.

实验 17

铁的草酸盐配合物的制备、分析与性质

 实验目的

> 1. 通过合成铁的草酸盐配合物，熟悉无机配合物的合成方法，掌握制备过程中各种实验手段。
> 2. 学会利用氧化还原滴定法分析化合物的成分及其含量。
> 3. 通过实验学习金属配合物的化学性质。

 实验原理

铁的草酸盐配合物的制备：先通过硫酸亚铁铵在酸性条件下与草酸反应得到草酸亚铁，再在草酸钾的溶液中利用过氧化氢的氧化得到三价铁，并与草酸形成配合物。

在成分分析中，利用氧化还原滴定来确定配合物中草酸根以及铁的含量。首先利用高锰酸钾滴定确定草酸根的含量，而铁的含量通常是将其还原成二价铁之后再通过氧化还原滴定法确定的。在本实验中，利用 $SnCl_2$ 在酸性条件下的还原性将三价铁还原成二价铁，再用重铬酸钾来滴定以确定样品中铁的含量。

 仪器及试剂

仪器：天平，加热搅拌装置，抽滤装置，干燥箱，滴定管等。

试剂：六水合硫酸亚铁铵 $[(NH_4)_2Fe(SO_4)_2 \cdot 6H_2O]$（AR），稀 H_2SO_4（AR），$H_2C_2O_4 \cdot 2H_2O$（AR），$K_2C_2O_4 \cdot H_2O$（AR），H_2O_2（20%，质量分数）（AR），C_2H_5OH（95%）（AR），$KMnO_4$ 溶液（$0.05 mol \cdot L^{-1}$），浓盐酸（AR），$SnCl_2$，$HgCl_2$（AR），H_3PO_4（85%，质量分数），$K_2Cr_2O_7$ 溶液（$0.01 mol \cdot L^{-1}$），二苯胺磺酸钠（AR）。

实验步骤

1. 铁的草酸盐配合物的制备

称取 5.0g $(NH_4)_2Fe(SO_4)_2 \cdot 6H_2O$ 置于 250mL 的烧杯中,向烧杯中加入几滴稀硫酸和 15mL 的蒸馏水,加热直至得到澄清的溶液。

将 2.5g 二水合草酸溶于 15mL 的蒸馏水中,并加入上述得到的澄清溶液中。在不断搅拌的情况下小心加热该混合物直至沸腾,然后静置,得到黄色的水合草酸亚铁沉淀。通过倾析的方法尽可能分离出上层液体,并用热水洗涤 1 次。

把 3.75g 水合草酸钾溶于 10mL 热的蒸馏水中,并将该热溶液加到上述沉淀中。冷却至 40℃后滴加 10mL 的双氧水(6%,质量分数),滴加过程中不断搅拌,注意控制滴加速度(非常慢)以确保溶液的温度不超过 50℃。

滴加完后加热该混合溶液直至沸腾。再加入 1.25g 二水合草酸,搅拌 2~3min 后得到绿色的澄清溶液(如果溶液中有不溶物,可用滤纸和长颈漏斗趁热过滤把其分离出来)。

向澄清溶液中加入 13mL 95%的乙醇,水浴加热溶解已沉淀的颗粒,然后把该溶液静置于黑色的橱柜中以得到晶体(该产品具有一定的感光性)。过滤,分离出晶体,先用等体积的乙醇和水的混合液洗涤 2 次,再用丙酮洗涤 2 次,然后在干燥器中干燥 1.5h,并做好记录。

2. 样品成分的分析

(1) 草酸根含量的测定

称取约 0.7g 步骤 1 得到的配合物放入称量瓶中,将其分成两份,分别放入锥形瓶中,准确称量并记录总质量。向锥形瓶中加入 10mL 蒸馏水使其溶解,配制成溶液。取其中一份加热至 70℃,移走温度计并将其冲洗干净,在不再加热的条件下用 0.05mol·L^{-1} 的高锰酸钾标准溶液进行滴定,到达滴定终点时,溶液将变成粉红色,且粉红色将持续 30s 不褪色。记录所消耗的高锰酸钾标准溶液的用量。另取一份溶液,用 15mL 稀盐酸代替 10mL 蒸馏水重复以上实验。保留滴定终点的溶液以进行铁含量的测定。

(2) 铁含量的测定

向上述滴定后得到的溶液中加入 15mL 的浓盐酸,加热至沸腾后向其中逐次加入少量几滴 $SnCl_2$ 溶液,直至复合物 $FeCl_4^-$ 的黄色消失。继续加入过量的几滴 $SnCl_2$ 溶液,冷却至室温,迅速加入 10mL 的 $HgCl_2$ 溶液(Hg_2Cl_2 沉淀是纯白色)。向溶液中加入 4.7mL 85%的磷酸和 5mL 的去离子水的混合溶液。在处理后的溶液中加入 10 滴二苯胺磺酸钠氧化还原指示剂溶液,再用重铬酸钾标准溶液(约 0.01mol·L^{-1})逐滴滴定,在到达滴定终点之前,溶液变为灰绿色,到达滴定终点时,溶液出现紫色并且保持不变。

3. 性质实验

比较该配合物和 $FeCl_3$ 的水溶液与以下物质的反应,并以列表的方式将实验内容、实验现象以及结论进行归纳总结。

① 稀氢氧化钠溶液。

② 硫氰酸铵溶液

a. 在没有其他试剂的条件下。

b. 在稀硫酸存在的条件下。

注意事项

1. 实验中用到的氯化汞具有毒性，不能用手直接接触固体药品，也不能泄漏液体药品。一旦泄漏或者接触了药品，立即擦干净并且彻底清洗。
2. 实验的第一步需加乙醇，乙醇具有很高的可燃性，必须在蒸气浴内加热，在滴加乙醇时周围必须没有明火。
3. 浓盐酸具有很强的腐蚀性，稀氢氧化钠对皮肤有刺激性，倾倒这些药品时需要非常小心。如果不慎和皮肤接触，立刻用冷水清洗。

结果与讨论

1. 在定性实验的基础上，推断该配合物中铁的氧化态。
2. 总结列出该实验中所涉及反应的化学方程式。
3. 结合重铬酸盐的滴定，通过化学方程式来确定其化学计量关系，得到该水合物的分子式。
4. 判断产品中阴离子的结构，并预测该化合物是否具有几何或者光学异构现象。

思考题

1. 实验过程中，加入双氧水的作用是什么？为什么滴加过程中不能过快且要保持溶液温度在50℃以下？
2. 滴定过程中，当从热溶液中移去温度计时为何要将其冲洗干净？
3. 在测定铁的含量时，滴定前预处理溶液中加入氯化汞的作用是什么？

参考文献

北京师范大学无机化学教研室. 无机化学实验 [M] . 3版 . 北京：高等教育出版社，2001.

实验 18

1,2-二苯基乙二胺外消旋体的拆分

实验目的

1. 通过用 L-酒石酸拆分外消旋的 1,2-二苯基乙二胺，掌握利用形成非对映体拆分外消旋体的方法。
2. 掌握旋光度的测定方法和比旋光度的计算方法。

实验原理

手性是自然界的本质属性,手性化合物的立体构型与生命现象有密切的关系,譬如人体所需要的氨基酸中,除手性的甘氨酸外都是 L 构型的。在手性药物中,各对映体之间往往表现出迥然不同的药理活性。20 世纪 60 年代沙利度胺(thalidomide)在欧洲投入市场,用作镇静剂和止吐药,尤其适合治疗妇女的早期妊娠反应,后来发现其中的 (R)-异构体能安全地起镇静作用,而 (S)-异构体则能导致胎儿畸形。诸如此类的例子还有很多。目前在合成的手性药物中大部分的药物以外消旋体的形式出现在市场上,在这些外消旋体中,通常只有一个对映体对治疗疾病有效,而另一个则无效,甚至有毒副作用,即使无毒副作用,这些对映体的代谢也给机体带来负担。因此以单一的对映体化合物作为药物是十分重要的!1992 年美国食品药品监督管理局(FDA)就要求研制的新药以单一对映体的形式投入市场,加拿大、欧洲共同体和日本等发达国家也对手性药物的研制、开发和应用作了规定,强调待使用手性药物的安全性。除手性药物外,手性农药的使用也是人们普遍关注的问题。如果用有杀灭害虫作用的单一对映体化合物作为农药,能尽可能减少有机物对环境的污染。所以制备单一对映体的化合物非常重要。

在没有手性因素介入的情况下,一般有机合成得到的产物是外消旋体的化合物。虽然一些立体选择性高的不对称合成能制备有旋光性(光学活性)的化合物,但因各种原因,能用于生产实际的不对称合成反应很少,所以拆分外消旋体是制备单一对映体的主要方法。对映体拆分的方法包括以下几种。

1. 结晶法

有些对映体有各自的晶形,当它们从外消旋体的饱和溶液中结晶出来时,形成不同晶形的晶体,利用人工的方法可将两种晶体分开。这种拆分方法只适用于晶形不同的外消旋体,但在实际实验中一般不太容易生长出晶形好的晶体,所以此拆分方法很少使用。还有一种结晶的方法是向外消旋体的饱和溶液中加入某一对映体的晶种,当溶液的温度降低时,所需要的对映体就在晶种上生长出来。这种拆分方法简单易行,但也有不足之处。首先要获得某一对映体的晶种;其次在结晶的过程中,难免混有另一种对映体,使旋光纯度(光学纯度)降低。尽管如此,这种拆分方法在生产实际中仍有一些应用。

2. 非对映体法

一对对映体之间有相同的物理性质和相似的化学性质,所以不能利用物理性质的不同来拆分。但一对对映体和另一种手性化合物反应生成的非对映体有不同的物理性质,可利用非对映体物理性质的差别来拆分这两种非对映体。这种拆分方法最适合于有机酸或有机碱的拆分。

(1) 当被拆分的手性化合物为有机碱

选择光学纯的有机酸与之反应,形成一对非对映体。选择适当的溶剂,使其中的一个非对映体溶解,而另一种不溶解或微溶,通过过滤将两种非对映体分开。用强碱分别中和两种非对映体,得到相应的单一对映体。

(2) 当被拆分的手性化合物为有机酸

选择光学纯的有机碱与之反应,形成一对非对映体。选择适当的溶剂,使其中的一个非对映体溶解,而另一种不溶解或微溶,通过过滤将两种非对映体分开。用强酸分别中和两种非对映体,得到相应的单一对映体。

(3) 当被拆分的手性化合物为非碱或非酸

将外消旋体进行衍生化,生成带有氨基或羧基的化合物,再按照有机碱或有机酸的拆分方法进行拆分。拆分完成后再除去衍生化基团。

3. 生物化学法

生物化学法主要是利用酶的选择性反应来达到拆分目的的。如氨基酸的拆分,先将氨基酸转化为酯或酰胺,再用水解酶选择性地催化其中的一个对映体水解,而另一个对映体不水解,从而达到拆分的目的。或者将外消旋体的稀溶液用微生物或细胞处理,利用微生物或细胞中的酶选择性地消耗其中的一个对映体,而另一个对映体得以保留,以达到拆分的目的。

本实验采用 L-(+)-酒石酸与1,2-二苯基乙二胺反应,产生两个非对映异构体的盐的混合物,这两个盐在甲醇中的溶解度有显著差异,可以用分步结晶法将它们分离开,然后分别用碱对这两个已分离的盐进行处理,就能使(+)-1,2-二苯基乙二胺、(−)-1,2-二苯基乙二胺分别游离出来,从而获得纯的(+)-1,2-二苯基乙二胺及(−)-1,2-二苯基乙二胺。

仪器及试剂

仪器:吸滤瓶(500mL),布氏漏斗,烧杯(250mL),容量瓶(25mL),圆底烧瓶(500mL、250mL),球形冷凝管,滴液漏斗,磁力加热搅拌装置,机械搅拌装置,旋转蒸发仪,旋光仪等。

试剂:1,2-二苯基乙二胺(AR),L-(+)-酒石酸(AR),D-(−)-酒石酸(AR),乙醇(AR),二氯甲烷(AR),氢氧化钠(AR),无水硫酸镁(AR),饱和氯化钠(AR),己烷(AR)。

实验步骤

向500mL的圆底烧瓶中加入21.3g(0.1mol)外消旋的1,2-二苯基乙二胺和120mL的乙醇,将混合物缓慢加热至70℃使固体完全溶解。将30g L-(+)-酒石酸溶解在120mL乙醇中,并加热至70℃。将此溶液加入1,2-二苯基乙二胺的溶液中,立即产生沉淀。将混合物冷却至室温,过滤收集固体,用30mL乙醇洗涤2次,真空干燥。将固体溶于115mL的沸水中,向此溶液中加入115mL乙醇,放置冷却至室温,析出晶体,过滤,用20mL乙醇洗涤。用相同体积的溶剂(115mL的水和115mL乙醇)重复此重结晶过程1次,得到11.5～12.5g无色晶体,产率为63%～69%,在23℃以下以H_2O为溶剂($c=1.3g \cdot 100mL^{-1}$)测得样品的旋光度,计算出比旋光度,即$[\alpha]_D^{23}$为$-10.8°\pm0.2°$。

将得到的非对映体盐和150mL水加入带有机械搅拌的500mL圆底烧瓶中,剧烈搅拌并冷却至0～5℃。用滴液漏斗滴加12mL 50%氢氧化钠溶液,接着加入80mL二氯甲烷,继续搅拌30min。此时两相分离,水相用25mL二氯甲烷洗2次,合并有机相,并用饱和氯化钠洗涤、无水硫酸钠干燥。过滤,减压下蒸去有机溶剂,用己烷重结晶,得到(S,S)-(−)-

1,2-二苯基乙二胺无色固体 6～7g，产率为 57%～66%，$[\alpha]_D^{23}$ 为 $-106°\pm1°$（以 MeOH 为溶剂，$c=1.1\text{g}\cdot100\text{mL}^{-1}$）。

合并上述所有滤液，减压下用旋转蒸发仪蒸去溶剂。将残渣转移到 500mL 圆底烧瓶中，加入 125mL 水，磁力搅拌。向剧烈搅拌的混合物中滴加 13mL 50% 氢氧化钠溶液，再加入 100mL 二氯甲烷，继续搅拌 30min。有机相用 25mL 二氯甲烷洗 2 次，合并有机相，用饱和氯化钠洗、无水硫酸钠干燥、过滤。减压下蒸去溶剂，得到 12～13.5g 浅黄色 (R,R)-(−)-1,2-二苯基乙二胺。用 D-(−)-酒石酸与之形成盐，处理方法与制备 (S,S)-(−)-1,2-二苯基乙二胺一样，得到 14.5～15.5g 无色晶体，产率为 80%～85%，$[\alpha]_D^{23}$ 为 $4°\pm0.5°$（以 H_2O 为溶剂，$c=1.3\text{g}\cdot100\text{mL}^{-1}$）。将其再用氢氧化钠中和，用己烷重结晶，得到 5.6～6.5g (R,R)-(−)-1,2-二苯基乙二胺无色晶体，产率为 54%～61%，$[\alpha]_D^{23}$ 为 $106°\pm1°$（以 MeOH 为溶剂，$c=1.1\text{g}\cdot100\text{mL}^{-1}$）。

用水精确配制非对映体盐的溶液 25mL，用甲醇精确配制两种对映体的溶液 25mL，每 100mL 溶液中样品的含量约为 1.1～1.3g。选用 10cm 长的旋光管，用相应的溶剂进行空白实验，在 23℃ 下测得样品的旋光度。按以下公式计算出比旋度：

$$[\alpha]_D^t = \frac{\alpha}{l \times c} \tag{1}$$

式中，$[\alpha]_D^t$ 表示在温度 t、光源为钠光 D 线时物质的比旋光度；l 为光源波长即旋光管的长度，dm；α 为观测到的旋光度值；c 为溶液浓度，$\text{g}\cdot100\text{mL}^{-1}$。

样品的光学纯度（optical purity, Op）按下列公式计算：

$$光学纯度(\%) = \frac{产品的比旋光度}{纯品的比旋光度} \times 100\% \tag{2}$$

结果与讨论

1. 计算对映体拆分的产率，分析在实验中影响此产率的因素。
2. 计算对映体的比旋度，并与文献值相比较，若有较大偏差，说明原因。

思考题

1. 在拆分过程中，为什么用饱和氯化钠洗涤有机相？
2. 如果在实验中有旋光性的杂质混入对映体中，测得的旋光度将如何变化？
3. 在测旋光度时，如果没有将旋光管洗净，对实验结果有无影响？为什么？

参考文献

[1] 林国强，孙兴文，陈耀全，等. 手性合成-不对称反应及其应用 [M]. 5 版. 北京：科学出版社，2013.
[2] 兰州大学、复旦大学化学系有机化学教研室. 有机化学实验 [M]. 2 版. 北京：高等教育出版社，1994.

实验 19
相转移催化合成外消旋扁桃酸及其拆分

 实验目的

1. 了解相转移催化合成有机化合物的基本原理。
2. 掌握扁桃酸的合成方法。
3. 巩固萃取及重结晶操作技术。
4. 了解酸性外消旋体的拆分原理和实验技术。

 实验原理

在有机合成中常遇到有机相和水相参与的非均相反应，其中很多反应速度慢、操作复杂、产率低。相转移催化法（PTC）可以利用催化剂使互不相溶的两相物质发生反应并加速这种反应。利用相转移催化可加快反应速度，得到高的转化率或产率。作为相转移催化剂所需具备的两个条件：①相转移催化剂能够溶于或解离于两相中，并能转移其中一相的试剂到另一相中；②被转移的试剂处于较活泼的形式。常用的相转移催化剂有季铵盐和鏻盐。

扁桃酸（mandelic acid），又称苦杏仁酸或 α-羟基苯乙酸，由于其具有较强的抗菌作用，可口服用于治疗泌尿系统感染。同时，由于扁桃酸具有手性，常是合成许多手性药物的中间体，因此，它在医药合成中具有广泛的用途。本实验采用十六烷基三甲基溴化铵（CTAB）作为相转移催化剂，将苯甲醛、氯仿和氢氧化钠在同一反应器中进行混合，通过卡宾加成反应直接生成扁桃酸。

$$C_6H_5CHO + CHCl_3 \xrightarrow[CTAB]{NaOH} \xrightarrow{H^+} C_6H_5\overset{*}{C}HCOOH$$
$$\qquad\qquad\qquad\qquad\qquad\qquad\qquad\quad |$$
$$\qquad\qquad\qquad\qquad\qquad\qquad\qquad\ \ OH$$

CTAB 的催化作用机理可能为

$$C_6H_5-CHO \xrightarrow{:CCl_2} C_6H_5-\underset{Cl\ \ Cl}{\underset{|\quad|}{CH-O}} \xrightarrow{\text{重排}} C_6H_5\underset{Cl}{\underset{|}{CHCOCl}} \xrightarrow{OH^-} \xrightarrow{H^+} C_6H_5-\underset{OH}{\underset{|}{CH-COOH}}$$

通过一般化学方法合成的扁桃酸只能得到外消旋体。由于（±）-扁桃酸是酸性外消旋体，故可以用碱性旋光体作拆分剂，一般常用（－）-麻黄碱。拆分时，（±）-扁桃酸与（－）-麻黄碱反应形成两种非对映异构的盐，进而可以利用其物理性质（如溶解度）的差异对其进行分离。

仪器及试剂

仪器：三口烧瓶（100mL），分液漏斗（125mL），抽滤装置，回流装置，蒸馏装置，磁力加热搅拌装置，熔点仪，红外光谱仪，旋光仪等。

试剂：苯甲醛（新蒸），氯仿（AR），十六烷基三甲基溴化铵（CTMAB）（AR），氢氧化钠（AR），乙醚（AR），硫酸（AR），浓盐酸（AR），无水碳酸钠（AR），95%乙醇（AR），甲苯（AR），盐酸麻黄碱（AR）。

实验步骤

1. 外消旋扁桃酸的合成

在锥形瓶中将13g氢氧化钠溶于13mL水中，配制50%的氢氧化钠溶液，溶液冷至室温。

在100mL装有搅拌器、回流冷凝管和温度计的三口烧瓶中，加入6.8mL苯甲醛、0.5g CTMAB和12mL氯仿。开动搅拌，水浴加热，待温度上升至50～60℃时，缓慢滴加配制的50%的氢氧化钠溶液，在滴加时控制反应温度为60～65℃，约需45～60min加完。加完后，保持此温度继续搅拌2h左右，至pH值接近中性。

将反应液用140mL水稀释，用乙醚萃取2次（每次用15mL），合并醚萃取液，倒入指定容器待回收乙醚。此时水层为亮黄色透明状，用50%硫酸酸化至pH为1～2后，再用乙醚萃取2次（每次30mL），合并酸化后的醚萃取液，用无水硫酸钠干燥。然后在水浴上蒸去乙醚，并用水循环真空泵减压抽净残留的乙醚（因为产物在乙醚中溶解度大），得粗产物6～7g。

往装有以上粗产物的烧瓶内加入少量的甲苯，搅拌，加热回流。冷却，缓慢结晶，过滤，洗涤，干燥得白色结晶，称重，计算产率，测熔点（118～119℃）。

2. 外消旋扁桃酸的拆分

在50mL圆底烧瓶中加入2.5mL无水乙醇、1.5g（±）-扁桃酸，溶解。缓慢加入(—)-麻黄碱-乙醇溶液（由1.5g麻黄碱与10mL乙醇配成），在85～90℃水浴中加热回流1h。回流结束后，冷却混合物至室温，冰冷却使晶体析出，过滤。析出晶体为(—)-麻黄碱-(—)-扁桃酸盐，(—)-麻黄碱-(+)扁桃酸盐仍留在乙醇中。固体(—)-麻黄碱-(—)扁桃酸盐粗品用2mL无水乙醇重结晶，过滤，洗涤，干燥得白色粒状晶体。称重，计算产率，测熔点（166～168℃）。

将晶体溶于20mL水中，滴加1mL浓盐酸使溶液呈酸性，用乙醚分3次萃取（每次15mL），合并乙醚萃取液并用无水硫酸钠干燥，蒸去乙醚后即得（—）扁桃酸。干燥，称重，计算产率，测熔点（131～133℃）。用水精确配制该样品溶液25mL，浓度为每100mL溶液含样品1.1～1.3g，在23℃下测得样品的旋光度，计算出比旋光度 $[\alpha]_D^{23}=-153°$（以H_2O为溶剂，$c=2.5g \cdot 100mL^{-1}$）。

加热(—)-麻黄碱-(+)扁桃酸盐的乙醇溶液以除去有机溶剂，用10mL水溶解残余物，再滴加1mL浓盐酸使固体全部溶解，用乙醚分3次萃取（每次30mL），合并乙醚萃取液并用无水硫酸钠干燥，蒸去有机溶剂后即得(+)-扁桃酸。干燥，称重，计算产率，测熔点（131～133℃）。用水精确配制该样品溶液25mL，浓度为每100mL溶液含样品1.1～1.3g，在23℃下测得样品的旋光度，计算出比旋光度，即 $[\alpha]_D^{23}=+153°$（以H_2O为溶剂，$c=2.8g \cdot 100mL^{-1}$）。

结果与讨论

1. 分析合成得到的外消旋扁桃酸的性状、熔点、产率,并讨论影响产品产率及纯度的因素。
2. 计算对映体拆分的产率,并讨论实验中影响此产率的因素。
3. 计算对映体的比旋光度,并与文献值相比较,若有较大偏差,说明原因。

思考题

1. 本实验中,酸化前后两次用乙醚萃取的目的是什么?
2. 根据相转移反应原理,除本实验所用到的十六烷基三甲基溴化铵外,还有哪些物质可作为相转移催化剂?
3. 本实验反应过程中为什么必须保持充分的搅拌?
4. 本实验拆分外消旋体的原理是什么?

参考文献

[1] 赵地顺.相转移催化原理及应用[M].北京:化学工业出版社,2007.
[2] 兰州大学、复旦大学化学系有机化学教研室.有机化学实验[M].2版.北京:高等教育出版社,1994.

实验 20
植物叶绿体色素的提取、分离和鉴定

实验目的

1. 了解叶绿素、胡萝卜素、叶黄素的结构及性质。
2. 掌握有机溶剂提取叶绿体色素等天然化合物的原理和实验方法。
3. 掌握薄层色谱和柱色谱的分离原理和实验技术。
4. 掌握用紫外-可见吸收光谱对分离的天然色素进行表征。

实验原理

1. 叶绿体色素的提取

天然产物按其化学结构可分为四大类,即糖类(碳水化合物)、类脂化合物、萜类和甾族化合物及生物碱。它们的分离、提纯和鉴定是一项颇为复杂而又特别重要的工作。有机化学中常用的萃取、蒸馏、结晶等提纯方法,仪器分析中的各种色谱手段如薄层色谱、柱色谱及气相色谱、液相色谱等,已越来越多地用于天然产物的提取及分离。

植物体内的叶绿体色素有叶绿素(绿色)、胡萝卜素(橙色)、叶黄素(黄色)等多种天然色素。叶绿素分子吸收太阳能并利用此能量将二氧化碳和水合成碳水化合物,该过程被称作光合作用,是所有植物保持生命过程的基础。在绿色植物中叶绿素主要以叶绿素 a ($C_{55}H_{72}O_5N_4Mg$,蓝绿色)和叶绿素 b($C_{55}H_{70}O_6N_4Mg$,黄绿色)两种形式存在,叶绿素 a 的含量是叶绿素 b 的 3 倍。叶绿素 a 和叶绿素 b 两种物质结构相似,其基本结构见图 1-15。它们的化学结构中均含有四个吡咯环,吡咯环由四个甲烯基连接成卟啉环。卟啉环中央的镁原子以两个共价键和两个配位键与环中的氮原子结合成螯合物,形成卟啉镁。叶绿素 a 和叶绿素 b 的差别仅是侧链的组成不同(叶绿素 a 中 R 为甲基,叶绿素 b 中 R 为甲酰基)。尽管两种叶绿素分子中都含有一些极性基团,但大的烷基结构使它们易溶于乙醚、石油醚等非极性有机溶剂。

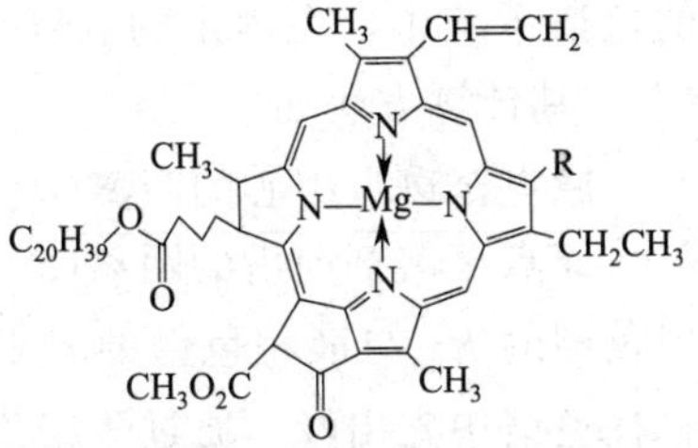

图 1-15　叶绿素 a($R=CH_3$)和叶绿素 b($R=CHO$)的结构

胡萝卜素($C_{40}H_{56}$)是一类不饱和的四萜类碳氢化合物,有三种异构体,即 α-胡萝卜素、β-胡萝卜素和 γ-胡萝卜素,其中 β-胡萝卜素含量最大,也最为重要。β-胡萝卜素具有维生素 A 的活性。叶黄素($C_{40}H_{56}O_2$)是 β-胡萝卜素的羟基衍生物,其在绿叶中的含量约是胡萝卜素的 2 倍。与 β-胡萝卜素相比,叶黄素易溶于醇而在石油醚中溶解度较小,而 β-胡萝卜素易溶于石油醚等非极性溶剂中。β-胡萝卜素和叶黄素结构见图 1-16。

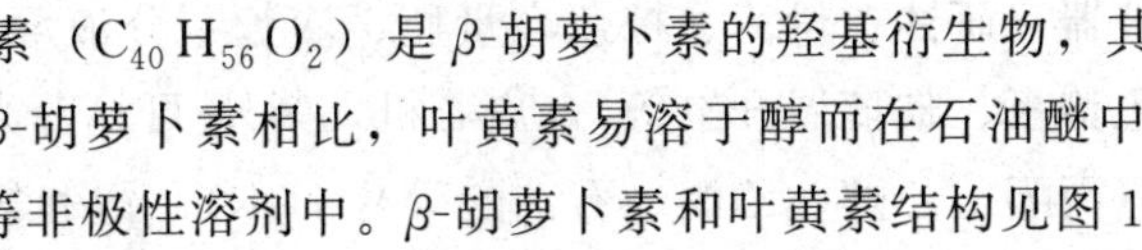

图 1-16　β-胡萝卜素($R=H$)和叶黄素($R=OH$)的结构

根据叶绿体色素在有机溶剂中的溶解特性,通常可用丙酮、乙醇、乙醚、丙酮-乙醚、甲醇-石油醚等有机溶剂提取。一般进行提取时采用混合溶剂。由于粗提取液中还可能包括残余植物组织和其他可溶性杂质,实验中应对粗提液进一步纯化。

2. 色谱法分离叶绿体色素

色谱分离方法是分离叶绿素等天然色素最有效的方法,包括纸色谱、薄层色谱和柱色谱。色谱法分离叶绿体色素的基本原理:利用不同色素在各种有机溶剂中的分配系数或在吸附剂上的吸附能力不同,当它们通过色谱柱或板时,这种吸附或分配过程反复不断进行,最后将它们一一分离。色谱分离过程中溶剂的选择与组分的分离效果关系极大,须将被分离物质与所选用吸附剂的性质结合起来加以考虑。被分离物质在图谱上的位置可用比移值 R_f 表示（如图 1-17）。

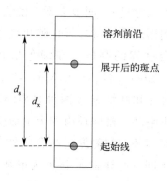

图 1-17 薄层色谱分析示意图

比移值的大小与被分离物质的分配系数大小有关，是纸色谱法和薄层色谱法中唯一可用数值表示的重要参数。在一定的色谱系统中，在确定的温度下，R_f 是被分离物质的特征常数。R_f 值差别越大，分离越完全。其计算方法如下：

$$R_f = \frac{原点至斑点中心的距离(d_x)}{原点至溶剂前沿的距离(d_s)}$$

对于相同的色谱体系，薄层色谱的 R_f 与液相色谱的容量因子 k 值之间有一定的关系。在薄层色谱中展开快的组分，在柱色谱中先出峰。通过薄层色谱实验可以探索高效液相色谱合适的流动相组成。

仪器及试剂

仪器：常用玻璃仪器（研钵、量筒、棕色容量瓶、滴管、分液漏斗、漏斗等），蒸馏装置，常规色谱装置（色谱板、玻璃展开缸等），离心机，紫外-可见分光光度计等。

试剂：有机溶剂（丙酮、乙醇、乙醚、石油醚等）（AR），饱和氯化钠水溶液，碳酸镁（AR），无水硫酸钠（AR），硅胶 G，中性氧化铝。

实验步骤

1. 叶绿素的提取

将新鲜绿叶蔬菜洗净后弃除叶柄和中脉，然后用纱布或吸水纸将菜叶表面的水分吸干。称取被处理过的菜叶 10g，剪碎后放在干净的研钵内，加入 0.1g 碳酸镁，先将菜叶捣烂，然后加入 20mL 的乙醇-石油醚（体积比为 2∶3）混合溶剂，迅速研磨 5min。过滤，对菜叶残渣再研磨提取 1 次。最后用 10mL 乙醇-石油醚混合溶剂洗涤研钵等容器，一并过滤。

将合并的滤液转入分液漏斗中，沿漏斗内壁加入 5mL 饱和 NaCl 溶液和 50mL 蒸馏水洗涤石油醚层 2～3 次，以彻底洗去乙醇（每次都要轻轻转动分液漏斗，使叶绿体色素保留在上层的石油醚层中，静置，待分层清楚后，除去下面的水溶液。再往石油醚提取液中加入少量无水 Na_2SO_4 以除去残余水分。最后用旋转蒸发仪控制在 30～35℃ 水浴中进行适当浓缩

（至约 10mL），转入具塞的棕色瓶中置于暗处保存。

2. 薄层色谱法分离叶绿体色素

薄层色谱法分离叶绿体色素的吸附剂有硅胶、纤维素等，本实验用硅胶 G。取若干块洗净的载玻片（5cm×20cm），采用硅胶 G 加适量蒸馏水调制后制成薄层板，晾干后在 105℃ 活化 1h。或者直接从市场购买薄层板，然后切成小片。取制备好的薄层板两块，在板两侧距底边 1.5cm 处各做一记号，用玻璃毛细管吸取浓缩的色素-石油醚提取液，从距两侧记号 1.5cm 处，分别用毛细管点样，斑点直径不应超过 5mm，晾干。

分离叶绿体色素的展开剂有石油醚（60～90℃）-丙酮-乙醚（体积比为 3∶1∶1）、石油醚-丙酮（体积比为 8∶2）、石油醚-乙酸乙酯（体积比为 6∶4）、苯-丙酮（体积比为 7∶3）和石油醚-丙酮-正丁醇（体积比为 90∶10∶4.5）等。

将 150mL 石油醚（60～90℃）-丙酮-乙醚（体积比为 3∶1∶1）展开剂倒入展开缸中，并在展开缸的内壁四周贴一张 5cm 高的滤纸，滤纸下部浸在展开剂中，盖好盖子平衡 10～15min。将点样后的薄层板放入展开缸里进行色谱分析。待展开剂前沿上升到距薄层板上端 1.5～2cm 时，取出薄层板晾干，可看到薄层板上出现若干色素带，从上到下排列顺序一般是 β-胡萝卜素、叶黄素和叶绿素 a、叶绿素 b。计算各色素的比移值 R_f，观察哪种展开剂的展开效果最好。

将薄层板上分开的 β-胡萝卜素、叶绿素 a、叶绿素 b 的色带用干净的刮刀刮下来并放在离心管中，加入 5mL 丙酮溶解。在 400～700nm 范围内进行紫外-可见吸收光谱表征和纯度鉴定，并与文献值（或标准样品）进行比较。

3. 柱色谱法分离叶绿体色素

将中性氧化铝在 500℃ 烘干 4h，然后冷却至 100℃，迅速装瓶，置于干燥器中待用。

将 25mL 石油醚装入直径为 1cm 的色谱柱内，打开活塞，控制流出速度为 1 滴·s^{-1}。用干燥玻璃漏斗将 20g 中性氧化铝（150～160 目）缓缓加入色谱柱内，并用玻璃棒轻轻在色谱柱的周围敲击，使吸附剂装得均匀致密。再在上面加一层 0.2～0.5cm 高的石英砂。当液面接近氧化铝填料时，将 2.0mL 植物色素的浓缩提取液小心加入色谱柱顶部。加完后，打开下端活塞，让液面下降到接近氧化铝填料时，用少量石油醚洗涤管壁，使色素全部进入氧化铝柱体。在柱顶小心加入 25mL 石油醚-丙酮（体积比为 9∶1）溶液，适当加压洗脱出第一个有色组分即橙色的 β-胡萝卜素溶液。然后用石油醚-丙酮（体积比为 7∶3）溶液洗脱出第二个组分即叶黄素和第三组分叶绿素 a（蓝绿色）。最后用石油醚-丙酮（体积比为 1∶1）溶液洗脱叶绿素 b（黄绿色）。整个洗脱过程应保持液面高于氧化铝填料。将柱色谱分离得到的物质在 400～700nm 范围内进行紫外-可见吸收光谱表征和纯度鉴定，并与文献值（或标准样品）进行比较。

4. 皂化-萃取法提取 β-胡萝卜素

叶绿素是一种二羧酸的酯，可与碱起皂化反应生成醇与叶绿酸的盐，产生的盐能溶于水中，用此方法可将叶绿素与类胡萝卜素分离。往 20mL 的植物色素-乙醇-石油醚提取液中加入 5mL 30% KOH 的甲醇溶液（将 KOH 加到 90% 甲醇水溶液中），充分混合后避光放置 1h。然后，加水 25mL，轻轻振荡后静置 10min，分层，上层得橙色的 β-胡萝卜素-石油醚溶液。将石油醚溶液用 100mL 蒸馏水分 3～4 次洗涤，再经过适当浓缩后移入分液漏斗。用 10mL 90%甲醇洗涤，摇动后静置分离，叶黄素萃取进入甲醇中。重复处理 3 次，合并所得 β-胡萝卜素-石油醚溶液。

往分离后的甲醇溶液中加入等体积的乙醚和等体积的水。振荡后用分液漏斗分出上层乙醚溶液，加入少量无水硫酸钠进行干燥。过滤后蒸去乙醚，即得黄色的软膏状物质叶黄素。

注意事项

叶绿体色素对光、温度、氧气、酸碱及氧化剂都非常敏感，实验应尽量在低温、避光及无干扰的情况下操作，提取液也应放在棕色试剂瓶内低温保存。

结果与讨论

1. 观察提取过程中溶液颜色的变化，分析植物叶片中各种成分的去处。
2. 记录薄层色谱分离结果，包括斑点的个数、颜色、展开距离，计算各色素的比移值，并将结果填入表 1-4 中。

表 1-4 实验记录表

展开剂：_____；溶剂前沿距离：_____

色带	叶绿素 a	叶绿素 b	β-胡萝卜素	叶黄素
展开距离				
比移值				

比较采用不同展开剂展开时 R_f 的结果有什么不同。

3. 对薄层色谱分离后收集到的各组分用紫外-可见分光光度计进行吸收光谱扫描（400～700nm），并与文献值（或标样）对照，确定为何种化合物并观察纯度。
4. 试比较叶绿素、胡萝卜素和叶黄素三种色素的极性，讨论为什么胡萝卜素在氧化铝色谱柱中移动最快，以及流出顺序与 R_f 的关系。
5. 对柱色谱分离后收集到的各组分用紫外-可见分光光度计进行吸收光谱扫描（400～700nm），并与薄层色谱结果对照，确定为何种化合物并观察纯度。
6. 说明皂化-萃取法提取 β-胡萝卜素的原理。

思考题

1. 绿色植物叶片的主要成分是什么？提取液可能含有哪些化合物？研磨菜叶时为何要加入固体碳酸镁？
2. 色谱法分离物质的原理是什么？
3. 薄层色谱中的 R_f 值有何意义？为什么使用 R_f 值时必须注明所用的展开剂系统？

参考文献

[1] 浙江大学. 综合化学实验 [M]. 北京：高等教育出版社，2003.
[2] 曾昭琼. 有机化学实验 [M]. 北京：高等教育出版社，2000.

实验 21

纳米 TiO₂ 的制备、表征及光催化性能研究

 实验目的

1. 初步了解纳米材料的概念和特点以及制备的一般原理。
2. 掌握光催化降解典型有机污染物的操作过程和催化性能的评价。
3. 掌握纳米材料的结构表征方法。

 实验原理

纳米材料是指由极细晶粒组成，尺寸在纳米量级（1~100nm）的固体材料。纳米粒子具有高的比表面积和体积比。纳米粒子包括金属、金属半导体、金属氧化物。由于其在力学、电学、磁学、光学、化学等方面出色的性能，纳米材料引起了人们的广泛兴趣，常用于量子点及化学催化剂等领域。

纳米材料的制备方法分为两种，一种是自下而上制备方法（由原子和分子组建纳米材料），另一种是自上而下制备方法（通过刻蚀块体材料得到纳米材料）。

溶胶-凝胶法：基本过程是将易于水解的金属化合物（金属盐、金属醇盐或酯）在某种溶剂中与水发生反应，通过水解生成水合金属氧化物或氢氧化物，胶溶得到稳定的溶胶，再经缩聚（或凝结）作用而逐渐胶化，最后经干燥、焙烧等后处理制得所需的材料。

纳米 TiO₂ 是目前应用最广泛的一种纳米材料。纳米 TiO₂ 由于具有无生物毒性、光催化活性高、无二次污染等特点，成为新兴的环保材料。在大于其带隙能量的光照条件下，TiO₂ 光催化剂不仅能降解环境中的有机污染物生成 CO_2 和 H_2O，而且可氧化除去大气中低浓度的氮氧化物（NO_x）和含硫化合物（H_2S、SO_2 等有毒气体）。目前纳米 TiO₂ 作为光催化剂已得到广泛的研究和应用。

本实验利用溶胶-凝胶法制备纳米二氧化钛，对其进行结构表征，并测定其降解甲基橙的光催化性能。

 仪器及试剂

仪器：烧杯，移液管，容量瓶，磁力加热搅拌装置，马弗炉，电热恒温干燥箱，X射线衍射仪，傅里叶变换红外光谱仪，紫外-可见分光光度计，光催化反应器，高压汞灯，离心机等。

试剂：钛酸丁酯（AR），无水乙醇（AR），浓硝酸（AR），甲基橙（AR）。

实验步骤

1. 纳米 TiO_2 粉体的制备及表征

取 3mL 蒸馏水和 29mL 无水乙醇，加入 100mL 烧杯中，搅拌混合均匀，用硝酸调节 pH 为 4。在剧烈搅拌下，滴加 10mL 钛酸丁酯与 10mL 无水乙醇配成的混合溶液。持续搅拌 1h 至出现白色溶胶，停止搅拌，静置陈化，封口。放置 5 天后，形成半透明的白色凝胶，放进烘箱，在 110℃ 烘干 4h，转移至坩埚，放入马弗炉，升温 30min 至 500℃，焙烧 4h。冷却后，在研钵中研成细粉。

用 X 射线衍射仪观察 TiO_2 粉体的晶体结构，扫描范围（2θ）为 5°～75°。利用红外光谱仪表征 TiO_2 粉体的化学结构。

2. 光催化性能测定

配制浓度为 $100mg \cdot L^{-1}$ 的甲基橙溶液，然后逐级稀释至浓度分别为 $20mg \cdot L^{-1}$、$15mg \cdot L^{-1}$、$10mg \cdot L^{-1}$、$5mg \cdot L^{-1}$、$0.3mg \cdot L^{-1}$。取上面配好的 5 种溶液，以蒸馏水作为参照，用分光光度计在波长 464nm 处测量其吸收。以吸光度 A 为纵坐标，以溶液浓度 c 为横坐标作出标准曲线，得到甲基橙的浓度与其吸光度的标准曲线方程。

将 0.25g TiO_2 粉末加入装有浓度为 $20mg \cdot L^{-1}$ 的 100mL 甲基橙溶液的反应器中。开始反应后，在反应时间分别为 10min、20min、30min、40min、50min 时取样 10mL，离心机分离（$3000r \cdot min^{-1}$，20min），采用分光光度计测定上清液中不同反应时间的甲基橙溶液的吸光度，通过标准曲线方程得到甲基橙溶液的浓度。

结果与讨论

1. 观察 TiO_2 的外观、性状，并计算其产率。
2. 分析二氧化钛的 X 射线衍射图，对照标准衍射数据，判断所制备的二氧化钛的晶型是否为锐钛矿型。
3. 分析 TiO_2 的红外光谱图，指出特征吸收峰的位置及其归属。
4. 根据得到的不同反应时间的甲基橙的浓度，进行数据处理，得到 TiO_2 的光催化降解动力学方程。

思考题

1. 从表面化学角度考虑，如何减少纳米粒子在干燥过程中的团聚？
2. 焙烧温度对产品性质有哪些影响？

参考文献

[1] 张守民，王淑荣，黄唯平，等. 介绍一个综合化学实验——纳米 TiO_2 的制备、表征及光催化性能[J]. 大学化学，2007，22（2）：49-60.
[2] 崔玉民，孙文中. 二氧化钛合成与表征及其在光催化降解酸性红 B 中的应用[J]. 过程工程学报，2007，7（2）：342-347.

[3] 张守民,辛建华,齐广东,等. 纳米 TiO_2 复合氧化物的制备及其光催化降解对硝基苯胺的性能研究[J]. 南开大学学报(自然科学版),2004,37(4):14-19.
[4] 柳松,廖世军. 纳米二氧化钛光催化剂的综合性实验设计[J]. 实验室研究与探索,2007,26(2):15-17.

实验 22
多壁碳纳米管的对氨基苯磺酸钠修饰及其对 Cu^{2+} 的吸附性能研究

 实验目的

1. 掌握用有机物对无机物进行化学修饰的原理和方法。
2. 了解碳纳米管的性质及应用。

 实验原理

自日本电子显微专家 Lijima 于 1991 年发现碳纳米管以来,其由于优异的光、电及机械性能,在纳米科学及工程领域引起了人们的广泛注意。目前已发展了很多制备碳纳米管的技术,包括电弧法、激光蒸发法和化学气相沉积法。

碳纳米管是碳的同素异形体,具有圆柱形的纳米结构,其长径比可高达 $1.32×10^8:1$,远远高于其他类型的材料。碳纳米管分为单壁碳纳米管和多壁碳纳米管。单壁碳纳米管由一层石墨烯卷曲而成,形成无缝中空的管状结构,其管径为 $0.75\sim1nm$。多壁碳纳米管则由多层石墨烯片层卷曲而成。构成碳纳米管的化学键是 sp^2 杂化的碳-碳共价键,类似于石墨的化学结构,比烷烃中 sp^3 杂化的碳-碳化学键强度高,使得碳纳米管具有优异的强度。另外,碳纳米管具有优异的电学性能,同时也是有效的热导体,因此在纳米工程、电子学、光学以及其他材料领域具有潜在的应用。然而,碳纳米管易于缠结团聚、不融化、在溶剂中不溶解的性质,限制了它的应用。近年利用有机物或聚合物对碳纳米管的表面进行改性或功能化引起了人们很大的兴趣。

本实验采用强酸在多壁碳纳米管(MWNTs)表面氧化出羧基得到酸化的多壁碳纳米管(MWNT-COOH),然后将羧基转化为酰氯,得到酰氯化的多壁碳纳米管(MWNT-COCl),再利用酰氯较高的反应活性,与对氨基苯磺酸钠反应,从而制备水溶性的对氨基苯磺酸钠接枝的碳纳米管(MWNT-$C_6H_4SO_3Na$)。这种功能化的碳纳米管在水中具有良好的分散性,

从而对水中低浓度 Cu^{2+} 具有很高的吸附-脱附性能。以上反应过程见图 1-28。

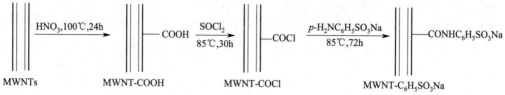

图 1-18 对氨基苯磺酸钠修饰碳纳米管过程示意图

仪器及试剂

仪器：圆底烧瓶，减压蒸馏装置，磁力加热搅拌装置，回流装置，滴液漏斗，真空过滤装置，尼龙滤膜（0.22μm），超声波清洗器，傅里叶变换红外光谱（FTIR）仪等。

试剂：多壁碳纳米管（MWNTs），N,N-二甲基甲酰胺（DMF，AR，使用前先用无水硫酸镁干燥，然后减压蒸馏，四氢呋喃（THF，AR，使用前先用金属钠在隔绝潮气的条件下回流6h，然后常压蒸馏），对氨基苯磺酸钠（AR），氯化亚砜（$SOCl_2$）（AR），浓硝酸（AR），浓盐酸（AR），五水硫酸铜（AR）。

实验步骤

1. 多壁碳纳米管（MWNTs）的对氨基苯磺酸钠修饰

在圆底烧瓶中依次加入 1.0g MWNTs 和 120mL 的浓硝酸，于 100℃ 及搅拌的条件下，加热回流 24h。冷却至室温后，用孔径为 0.22μm 的尼龙滤膜过滤，并用去离子水洗至 pH 值接近 7。50℃ 真空干燥 12h，得到酸化的多壁碳纳米管（MWNT-COOH）。

在圆底烧瓶中依次加入 200mg MWNT-COOH、9mL 无水 DMF 和 100mL $SOCl_2$，超声分散 10min。然后在 85℃ 的温度下搅拌反应 30h。过量的 $SOCl_2$ 采用减压蒸馏的方法除去。固体产物用 0.22μm 尼龙滤膜过滤、无水 THF 洗涤，50℃ 真空干燥 12h，即得酰氯化的多壁碳纳米管（MWNT-COCl）。

在圆底烧瓶中加入 100mg MWNT-COCl、15mL 无水 DMF 和 200mg 对氨基苯磺酸钠，超声分散 10min。于 80℃、氮气保护下，搅拌反应 72h。待反应液冷却至室温后，用 0.22μm 尼龙滤膜过滤、THF 洗涤数次以除去残留物。50℃ 真空干燥 12h，即得对氨基苯磺酸钠修饰的多壁碳纳米管（MWNT-$C_6H_5SO_3Na$）。

利用 FTIR 仪，采用 KBr 压片法表征原始碳纳米管、MWNT-COOH 以及 MWNT-$C_6H_5SO_3Na$ 化学结构的变化。

为了研究碳纳米管的水分散性，取 MWNTs、MWNT-COOH、MWNT-$C_6H_5SO_3Na$ 各 20mg 分别加入三只小玻璃瓶中，再分别加入 5mL 水，超声分散 20min，然后静置一定时间，观察分散液的稳定性。

2. 吸附性能测试

在 250mL 锥形瓶中加入 50mL 质量浓度为 $20mg \cdot L^{-1}$ 的 $CuSO_4 \cdot 5H_2O$ 水溶液，然后加入 200mg 对氨基苯磺酸钠修饰的碳纳米管，超声 30min 后，在室温条件下以 $150r \cdot min^{-1}$ 的振荡速度振荡 24h，充分吸附后，用 0.22μm 尼龙滤膜抽滤，滤液中 Cu^{2+} 浓度采用石墨炉原子吸收光谱仪测定。作为对照，将碳纳米管原粉代替对氨基苯磺酸钠修饰的碳纳米管，在其他实验条件不变的情况下，重复上面的吸附实验。按下式计算水溶液中 Cu^{2+} 的去除率：

$$Cu^{2+} \text{去除率}(\%) = \frac{Cu^{2+} \text{原始浓度}(mg \cdot L^{-1}) - \text{吸附后} Cu^{2+} \text{浓度}(mg \cdot L^{-1})}{Cu^{2+} \text{原始浓度}(mg \cdot L^{-1})} \times 100\%$$

结果与讨论

1. 比较 MWNTs 和 MWNT-$C_6H_5SO_3Na$ 的红外光谱图的变化。
2. 观察碳纳米管原粉和 MWNT-$C_6H_5SO_3Na$ 在水中的分散性，并得到相应的结论。
3. 比较 MWNTs 和 MWNT-$C_6H_5SO_3Na$ 对 Cu^{2+} 去除率的影响，并分析原因。

思考题

1. 碳纳米管用浓硝酸进行氧化时，时间过长或过短对碳纳米管的结构有什么影响？
2. 在实验过程中如何提高对氨基苯磺酸钠在碳纳米管表面的接枝度？

参考文献

[1] 杨家义，史铁钧，金维亚，等. 对氨基苯磺酸两步法修饰多壁碳纳米管［J］. 化学学报，2008，66（5）：552-556.
[2] Du F P, Wu K B, Yang Y K, et al. Synthesis and electrochemical probing of water-soluble poly（sodium 4-styrenesulfonate-co-acrylic acid）graftedmultiwalled carbon nanotubes［J］. Nanotechnology，2008，19：085716.

实验 23

四苯基卟啉及四苯基卟啉铜的合成与光谱分析

实验目的

1. 掌握四苯基卟啉及其金属铜配合物的合成方法、合成原理，并能熟练完成合成中基本实验操作技能的训练。
2. 掌握表征合成产物及中间体所用分析仪器的操作方法与步骤，并能够独立对表征的图谱进行解析。
3. 了解四苯基卟啉及其金属铜配合物的性质和用途。

实验原理

光动力疗法（photodynamic therapy，PDT）是近 20 年来新发展起来的一种用于治疗恶性肿瘤的方法，它是利用特定的光敏剂在肿瘤组织中的选择性富集和光动力杀伤作用，在造成肿瘤组织的定向损伤的同时，不会对正常组织功能造成负面影响。由于卟啉能够激发单线态氧或者形成活性氧化合物传递到肿瘤组织中从而起到治疗肿瘤的作用，故卟啉类化合物是目前在光动力学治疗方面应用最广的光敏剂。

卟吩环是由四个吡咯分子和四个亚甲基桥联起来的具有 26 个 π 电子的高度共轭的大环化合物（如图 1-19 所示）。其中，吡咯环上的 1、4、6、9、11、14、16、19 位，通常称为 α 位；吡咯环上的 2、3、7、8、12、13、17、18 位，通常称为 β 位；四个亚甲基分别为 5、10、15、20 位，通常称为中位（meso-）。卟啉是以卟吩作为大环母体，在卟吩环上连有各种取代基的同系物或衍生物的总称。

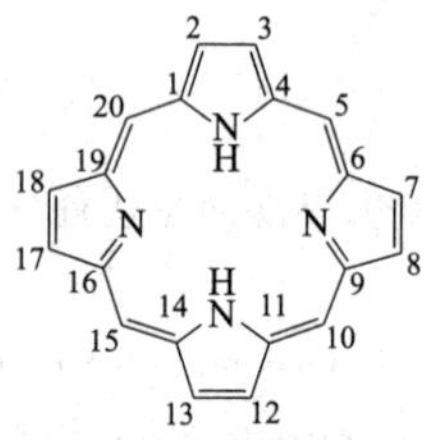

图 1-19 卟吩的化学结构式

5,10,15,20-四苯基卟啉及 5,10,15,20-四苯基卟啉铜的合成路线如图 1-20 所示。

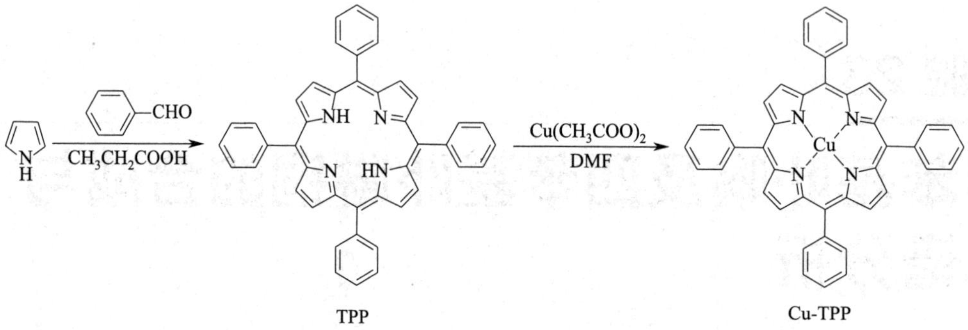

图 1-20 四苯基卟啉（TPP）及四苯基卟啉铜（Cu-TPP）的合成路线

仪器及试剂

仪器：紫外-可见分光光度计，傅里叶变换红外光谱仪，荧光分光光度计等。

试剂：丙酸，DMF，氯仿，无水乙醇，石油醚，吡咯，苯甲醛，醋酸铜，薄层色谱硅胶。其中苯甲醛和吡咯使用前重蒸馏。

实验步骤

1. 5,10,15,20-四苯基卟啉（TPP）的合成

在装有机械搅拌器、回流冷凝管、恒压滴液漏斗的 250mL 三口烧瓶中，加入 0.1mol (10.6g) 苯甲醛和 110mL 丙酸，加热至 110℃ 左右，再在搅拌下通过恒压滴液漏斗加入 0.1mol(6.7g) 吡咯和 50mL 丙酸混合液（30min 滴加完毕）。缓慢升温至 135℃ 下继续搅拌回流 1.5～3h 后，静置过夜。抽滤，固体用乙醇洗至滤出液无色。干燥，得亮紫色晶体 5,10,15,20-四苯基卟啉（TPP），约 3.38g，产率为 22%。

2. 5,10,15,20-四苯基铜卟啉（Cu-TPP）的合成

在装有回流冷凝管的 250mL 圆底烧瓶中，分别加入 1.0g(1.6mmol)TPP 和 100mL DMF，机械搅拌，加热至 120℃ 左右，待其完全溶解后，再向其中加入溶有 0.65g (3.2mmol) $Cu(OAc)_2$ 的 50mL DMF 溶液，升温至回流（154℃ 左右）开始反应，继续反应 45min，用薄层色谱（以氯仿与石油醚为展开剂，体积比为 1∶2）监测原料点几乎消失后，补加 0.32g(1.6mmol) $Cu(OAc)_2$ 于反应体系中，继续反应 10min 后，冷却至室温，将其倒入 300mL 冰水中，静置 30min 后抽滤，固体用水洗至滤出液无色。真空干燥得红棕色晶体 Cu-TPP 1.01g，产率为 93.5%。

3. 光谱分析

① 红外光谱分析：分别称取一定量的 TPP 和 Cu-TPP 进行红外光谱测定和分析。

② 紫外-可见吸收光谱和荧光光谱分析：分别称取一定量的 TPP 和 Cu-TPP，以氯仿作溶剂，配成约 $3.25×10^{-6} mol·L^{-1}$ 的溶液，室温下测试紫外-可见吸收光谱和荧光光谱（荧光激发波长均为 420nm）。

 思考题

1. 为什么卟啉及其衍生物具有很深的颜色？分析 TPP、Cu-TPP 的红外光谱，对其谱峰进行归属分析。

2. 查阅有关文献，对卟啉常见的 Adler 和 Lindesy 合成方法进行比较，并分析为什么合成卟啉的产率一般都比较低。

 参考文献

[1] 郭灿城，何明威，刘轻轻. 四苯基卟啉及其衍生物的合成 [J]. 有机化学，1993，13：533-536.
[2] 杨国昱，王清民，张杰，等. 水溶性卟啉配合物的合成及光敏化行为 [J]. 高等学校化学学报，1994，15 (8)：1124-1127.

实验 24

1,4,7,10-四氮杂环十二烷-1,4,7,10-四乙酸（DOTA）中间体的合成与制备

 实验目的

1. 掌握 DOTA 中间体的合成原理、方法和合成中的操作。
2. 掌握合成产物的表征操作。
3. 了解 DOTA 及其金属配合物的性质和用途。

 实验原理

磁共振成像（magnetic resonance imaging，MRI）是一项先进的医学影像诊断技术，该项技术可高效地检测各种病变，如局部缺血、组织坏死和肿瘤恶性病变等。与检测人体其他诊断技术如计算机断层成像（computer tomography，CT）等相比，该技术具有许多优越之处，譬如，它不使用电离辐射，避免了对人体的损伤；它使用的参数多，给出的信息量大，能显示出许多 CT 不能显示的病变。

为提高成像的清晰度，磁共振成像需要使用造影剂，钆特酸是临床上常用的一种造影剂。该造影剂是钆（Ⅲ）与 1,4,7,10-四氮杂环十二烷-1,4,7,10-四乙酸(1,4,7,10-tetraaza-cyclododecane-1,4,7,10-tetraacetic acid,简称 DOTA)形成的配合物。1,4,7,10-四氮杂环十二烷-1,4,7,10-四乙酸的结构见图 1-21，它应用于以下方面：①分析检测中的隐蔽剂、配位滴定剂等；②医药中的有毒金属促排剂；③金属电镀液中的阻垢剂、缓蚀剂；④彩色底片的显影剂；⑤食品中的添加剂（防腐剂）；⑥科研中的专门试剂（如磁共振位移试剂等）。作为制备一种静脉注射磁共振造影剂钆特酸的配体，欧洲药典规定 DOTA 纯度不能少于 99%，个体杂质的含量应低于 0.2%。

图 1-21 化合物 DOTA 的结构图

基于上述原因，目前国内还没有进行相应的工业化生产，亦没有文献报道 DOTA 的纯化方法，因此建立一条操作简便、成本低廉、能广泛用于工业化生产 DOTA 的合成工艺路线（图 1-22）有着重要意义。

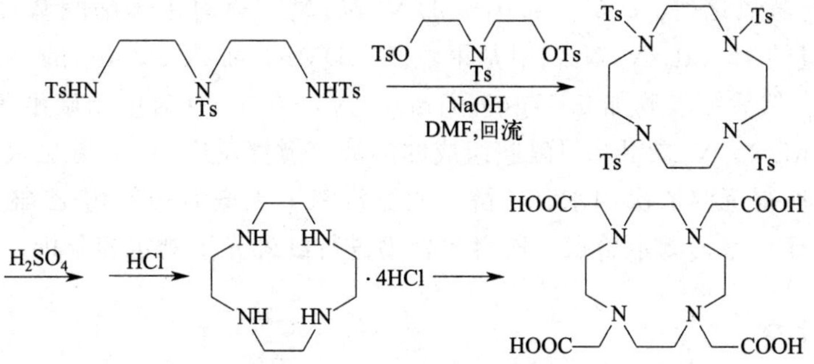

图 1-22 DOTA 的合成路线

仪器及试剂

仪器：熔点仪，红外光谱仪等。

试剂：对甲苯磺酰氯，甲苯，二乙烯三胺，氢氧化钠，乙醇，二氯甲烷，二乙醇胺，三乙胺，乙醚，KBr（均为分析纯）。分子筛（4Å）。

实验步骤

1. DOTA 中间体 N,N′,N″-三（对甲苯磺酰基）二乙烯三胺的制备

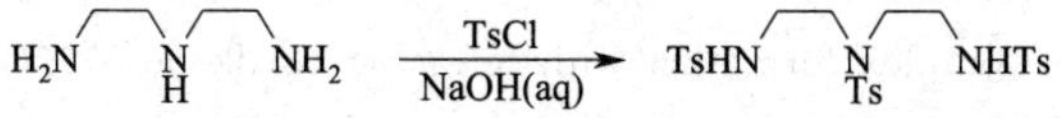

将 19.1g(0.1mol) 对甲苯磺酰氯溶于 150mL 甲苯中。在冰浴冷却和剧烈搅拌下将此溶液滴入由 3.43g(0.033mol) 二乙烯三胺、30mL 12％的氢氧化钠与 67mL 甲苯构成的混合物中。滴加完毕后继续搅拌 5h。抽滤，将所得到的滤饼用水多次洗涤至中性，烘干。将上述滤饼转入 250mL 的烧瓶中，加入 150mL 乙醇，剧烈搅拌，共煮 3h，过滤，干燥，得白色粉末固体。计算产率，测定熔点。

2. DOTA 中间体 N,N-二[2-（对甲苯磺酰氧基）乙基] -对甲苯磺酰胺的制备

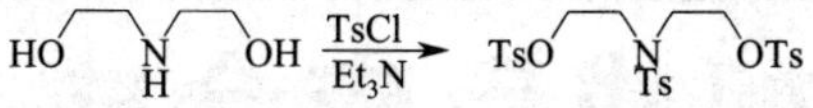

将 19.1g(0.1mol) 对甲苯磺酰氯溶于 67mL 二氯甲烷中，冷却，在搅拌下滴加到由 3.5g (0.033mol) 二乙醇胺、20mL 三乙胺和 67mL 二氯甲烷组成的混合溶液中，加料时间为 2～3h，在此过程中有白色固体析出。反应混合物在室温下继续搅拌 3～4h，将此混合物倒入 200mL 冰水中，用玻璃棒搅拌，使在反应中析出的三乙胺盐酸盐能够充分溶于水中。将此混合物转入分液漏斗中，分离出有机相，用水洗 3 次，用无水硫酸钠干燥，过滤，得到较澄清的滤液。旋转蒸发除去溶剂后，得淡黄色油状物。用甲醇重结晶，得白色固体产物，称重，计算产率，测定熔点。

3. DOTA 中间体 1,4,7,10-四（对甲苯磺酰基）-1,4,7,10-四氮杂环十二烷的制备

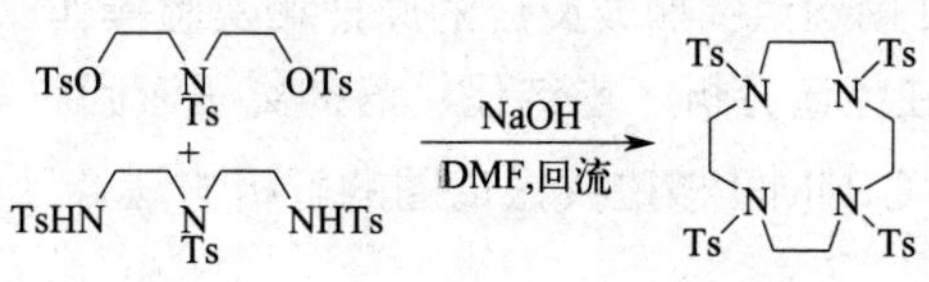

依次将 1.0g 氢氧化钠、5.65g(0.01mol) N,N',N''-三（对甲苯磺酰基）二乙烯三胺和经 4Å 分子筛处理过的 150mL N,N-二甲基甲酰胺（DMF）加入 500mL 的三口烧瓶中，搅拌下升温至 110℃。然后缓慢滴加 5.67g(0.01mol) N,N-二[2-(对甲苯磺酰氧基)乙基]-对甲苯磺酰胺和 100mL N,N-二甲基甲酰胺组成的溶液，搅拌反应 10h，除去大部分溶剂后，倾入水中。过滤，所得沉淀依次用水、乙醇、乙醚洗涤。干燥后用氯仿-乙醚重结晶，得类白色固体粉末，计算产率，测定熔点。所得化合物进行红外光谱测定和分析。

结果与讨论

分析 1,4,7,10-四（对甲苯磺酰基）-1,4,7,10-四氮杂环十二烷的红外光谱，对其谱峰进行归属分析。

思考题

查阅有关文献，列举文献中 DOTA 的主要合成方法有哪些。比较本方法与其他方法合成环状母体的优缺点。

参考文献

[1] Richman J E, Atkins T J. Nitrogen analogs of crown ethers [J]. Journal of the American Chemical Society, 1974, 96 (7): 2268-2270.

[2] Stetter H, Frank W. Complex formation with tetraazacycloalkane-N,N,N,N-tetraacetic acids as a function of ring size [J]. Angewandte Chemie International Edition, 1976, 15 (11): 686.

实验 25

插烯迈克尔加成反应合成 2-异丁烯基-3-异丙基-1,5-二苯基-1,5-戊二酮

实验目的

1. 通过多步有机合成和绿色合成，提高综合实验能力。
2. 掌握 Wittig 反应和 Michael 加成反应的原理和实验操作。
3. 掌握 TLC 监测、柱色谱分析、重结晶、溶剂离子液回收等操作。
4. 掌握 ^{1}H NMR 和 ^{13}C NMR 核磁共振谱图的解析方法。

实验原理

有机人名反应是有机化学内容体系的基石,许多人名反应复杂而巧妙,在理论教学和实际生产中都广为应用。Wittig 反应和 Michael 加成反应是两种经典有机人名反应,在合成上分别用于合成烯烃和增长碳链。通过路线设计,以 α-溴代苯乙酮为起始原料,融合 Wittig 试剂的制备和 Wittig 反应、插烯 Michael 加成等步骤,经多步合成得到 2-异丁烯基-3-异丙基-1,5-二苯基-1,5-戊二酮。在插烯 Michael 加成反应步骤,以可回收利用的离子液体 1-丁基-3-甲基咪唑六氟磷酸盐([BMIM]PF_6)为反应溶剂。

本实验以 α-溴代苯乙酮(**1**)为原料,与三苯基膦在乙酸乙酯(EA)中加热生成季膦盐(**2**),经碱化脱 HBr 生成 Wittig 试剂(**3**),再与异丁醛发生 Wittig 反应生成 α,β-不饱和酮(**4**),然后在三乙胺、四氟硼酸锂和离子液体的促进下发生插烯 Michael 加成反应生成 2-异丁烯基-3-异丙基-1,5-二苯基-1,5-戊二酮(**5**)。实验所涉及的化学反应式如图 1-23 所示。

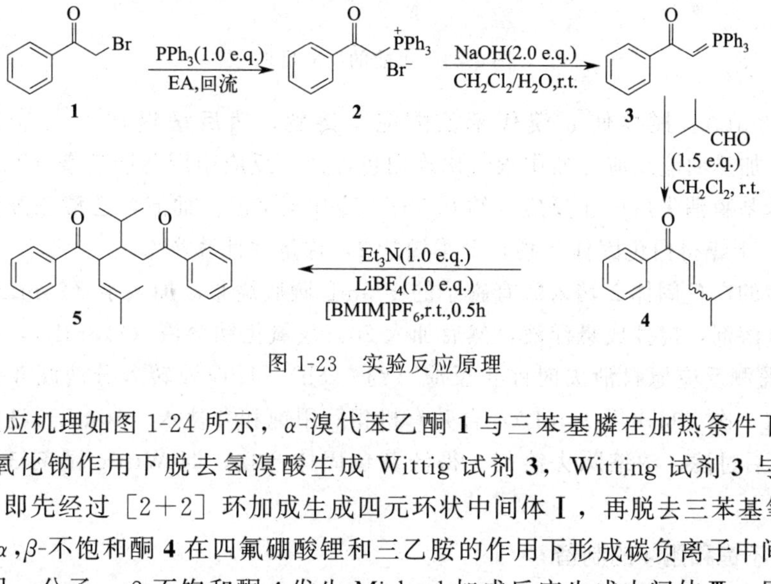

图 1-23 实验反应原理

可能的反应机理如图 1-24 所示,α-溴代苯乙酮 **1** 与三苯基膦在加热条件下生成季膦盐 **2**,然后在氢氧化钠作用下脱去氢溴酸生成 Wittig 试剂 **3**,Witting 试剂 **3** 与异丁醛发生 Wittig 反应,即先经过 [2+2] 环加成生成四元环状中间体 I,再脱去三苯基氧膦生成 α,β-不饱和酮 **4**,α,β-不饱和酮 **4** 在四氟硼酸锂和三乙胺的作用下形成碳负离子中间体 II,异构化为 II′后与另一分子 α,β-不饱和酮 **4** 发生 Michael 加成反应生成中间体 III,最后经历中间体 IV 后质子化生成最终产物 **5**。

仪器及试剂

仪器:电子天平,暗箱式紫外分析仪,加热磁力搅拌器,旋转蒸发仪,循环水真空泵等。

试剂:异丁醛(AR),1-丁基-3-甲基咪唑六氟磷酸盐(CP),三苯基膦(AR),α-溴苯乙酮(CP),三乙胺(AR),四氟硼酸锂(CP)等。

实验步骤

1. Wittig 试剂 3 的制备

在装有回流冷凝装置的 100mL 圆底烧瓶中加入 α-溴代苯乙酮(2.22g,11.2mmol)和

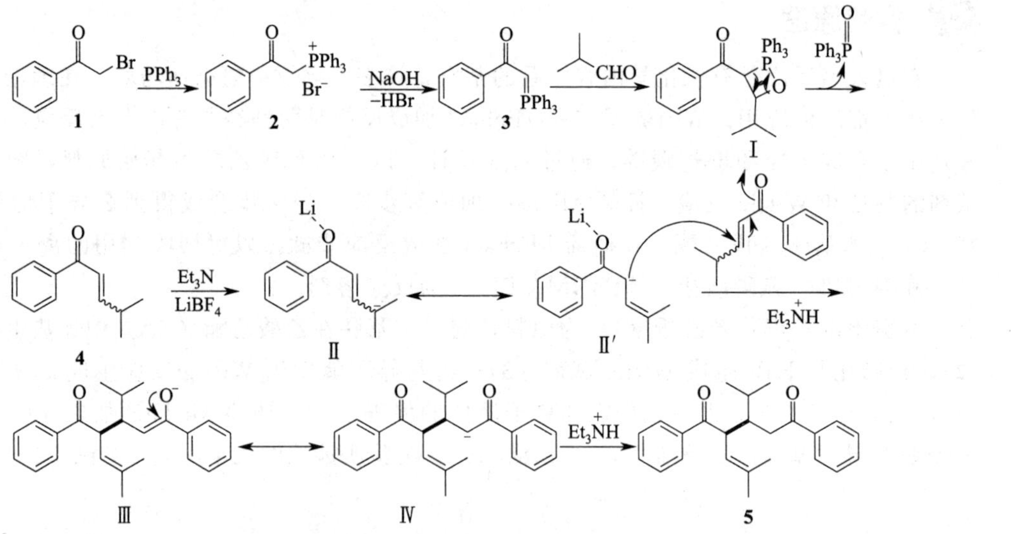

图 1-24　可能的反应机理

乙酸乙酯（15mL），搅拌使 α-溴代苯乙酮完全溶解，然后缓慢加入三苯基膦（2.68g，10.2mmol），加热回流反应，瓶中很快出现白色浑浊。反应中用薄层色谱（TLC）监测反应进度，至三苯基膦消失后停止反应（约 0.5h）。冷却至室温，抽滤，乙酸乙酯洗涤 2 次（每次用 10mL），干燥得白色固体产物，即季鏻盐 **2**，称量并计算产率。

将干燥后的白色固体 **2** 转入放有磁子的 100mL 圆底烧瓶，加入水（25mL）和二氯甲烷（25mL）混合溶剂，搅拌成悬浮液，然后加入 20% 氢氧化钠溶液（3.8mL），反应液逐渐变澄清，TLC 监测反应原料消失时停止反应（约 0.5h）。反应液转入分液漏斗分液，水相用二氯甲烷萃取 2 次（每次用 10mL），合并有机相后用饱和食盐水（10mL）洗涤 1 次，无水 Na_2SO_4 干燥后过滤，浓缩除去溶剂，得淡黄色固体产物，即 Wittig 试剂 **3**，称量并计算产率。

2. α,β-不饱和酮 4 的制备

在 100mL 放有磁子的圆底烧瓶中依次加入 Wittig 试剂 **3**、二氯甲烷（13mL），搅拌溶解后加入异丁醛（0.92mL，10.1mmol），安装球形冷凝管，加热回流反应 1.5h，TLC 监测表明反应已进行完全。反应液经旋转蒸发仪除去溶剂和过量异丁醛，通过硅胶柱色谱分析除去三苯基氧膦（洗脱剂为体积比为 10:1 的石油醚-乙酸乙酯溶液），分离得到淡黄色油状物，即为 α,β-不饱和酮 **4**，称量并计算产率。

3. 2-异丁烯基-3-异丙基-1,5-二苯基-1,5-戊二酮 5 的制备

在 25mL 圆底烧瓶中依次加入磁子、α,β-不饱和酮 **4**、四氟硼酸锂（0.41g，4.4mmol）、[BMIM]PF_6 溶剂（7.5mL），再加入三乙胺（0.61mL，4.4mmol），室温搅拌反应。反应液很快出现白色浑浊，TLC 监测反应进度，约 0.5h 反应完全。待反应完全后，将反应液小心转入分液漏斗，用乙醚萃取产物 3 次（每次用 15mL），有机相合并后再用饱和食盐水（10mL）洗涤 1 次，无水 Na_2SO_4 干燥后过滤，浓缩除去溶剂得白色固体粗品，称重，计算产率，经石油醚（5mL）和乙酸乙酯（5mL）混合溶剂重结晶（约 0.5~1h 可结晶完全）、抽滤，得白色针状晶体，称量并计算产率。

4. 离子液体溶剂的回收

将实验步骤 3 中乙醚萃取后的剩余离子液层用水洗涤 2 次（每次用 5mL），分液，得白色浑浊液体，旋蒸除去水分，得浅黄色澄清透明液体，回收利用。回收所得的离子液体可继续用于步骤 3 的反应。离子液体重复回收使用 5 次后，比较产物 2-异丁烯基-3-异丙基-1,5-二苯基-1,5-戊二酮的粗品产率变化情况。

结果与讨论

1. Wittig 反应的选择性

Wittig 反应中，稳定的叶立德与醛反应生成的产物一般以 (E)-烯烃为主。本实验中 α,β-不饱和酮 **4** 是通过 Wittig 试剂 **3** 和异丁醛反应制备得到的，在反应中用 TLC 观察反应生成产物点个数，并用 ^{1}H NMR 对产物进行表征，通过 ^{1}H NMR 数据判断产物 **4** 以哪种构型为主。

2. 离子液体对反应的促进作用分析

在 α,β-不饱和酮 **4** 生成产物 **5** 的插烯 Michael 加成反应步骤中，用不同溶剂优化反应，将反应结果填入表 1-5，比较不同溶剂对插烯 Michael 加成反应的影响。

表 1-5　反应溶剂优化结果

序号	溶剂	反应时间	产率
1	[BMIM]PF$_6$		
2	[BMIM]BF$_4$		
3	CH$_3$OH		
4	二氧六环		
5	DMF		
6	DMSO		

3. 产物结构表征及分析

对产物 2-异丁烯基-3-异丙基-1,5-二苯基-1,5-戊二酮 **5** 用 ^{1}H NMR、^{13}C NMR 进行表征，记录表征数据。

4. 实验可重复性考察

在确定各步反应条件后，完成平行实验，并将各组实验所得粗品产率结果填入表 1-6。

表 1-6　实验可重复性考察表

组号	粗品产量/g	产率
1		
2		
3		
4		
5		
6		

思考题

1. 描述 Wittig 反应的机理，并解释在本实验中如何通过 TLC 监测和 ^{1}H NMR 谱图来

确定 α,β-不饱和酮 4 的构型。

2. 根据实验步骤，讨论离子液体 1-丁基-3-甲基咪唑六氟磷酸盐（[BMIM]PF_6）在插烯 Michael 加成反应中的作用。

参考文献

[1] 龙德清，黄明权. Michael 加成反应及其应用实例 [J]. 高等函授学报（自然科学版），2003，16（2）：39-42.

[2] Zhang Y, Wang W. Recent advances in organocatalytic asymmetric Michael reactions [J]. Catalysis Science & Technology, 2012, 2 (1): 42-53.

[3] 杜大明，陈晓，花文廷. 离子液体介质中有机合成及催化不对称反应研究新进展 [J]. 有机化学，2003，23（4）：331-343.

实验 26

1-(4-甲苯磺酰基)-2'H-螺[二氢吲哚-2,1'-萘]-2'-酮的合成与表征

实验目的

1. 了解有机合成中多步合成反应的基本流程。
2. 掌握兴斯堡反应、醇的卤代反应、1,4-加成反应/取代反应的串联反应的机理。
3. 巩固运用薄层色谱跟踪反应的进程，巩固抽滤、萃取、柱色谱、旋转蒸发等基本操作。
4. 掌握红外图谱和核磁图谱的解析方法。

实验原理

本实验以邻氨基苯甲醇和对甲苯磺酰氯为起始原料，通过兴斯堡反应、醇的卤代反应、1,4-加成反应/取代反应的串联反应合成得到产物，各步反应进程可用薄层色谱跟踪监测，终产物 1-(4-甲基磺酰基)-2'H-螺[二氢吲哚-2,1'-萘]-2'-酮通过柱色谱提纯，用红外光谱和核磁共振对产物结构进行表征，验证产物结构。实验涉及的合成路线如图 1-25 所示。

本实验各步反应的机理如图 1-26 所示。第一步邻氨基苯甲醇和对甲苯磺酰氯发生兴斯堡反应，邻氨基苯甲醇 1 中的氨基进攻对甲苯磺酰氯，同时脱去一分子氯化氢形成反应产物

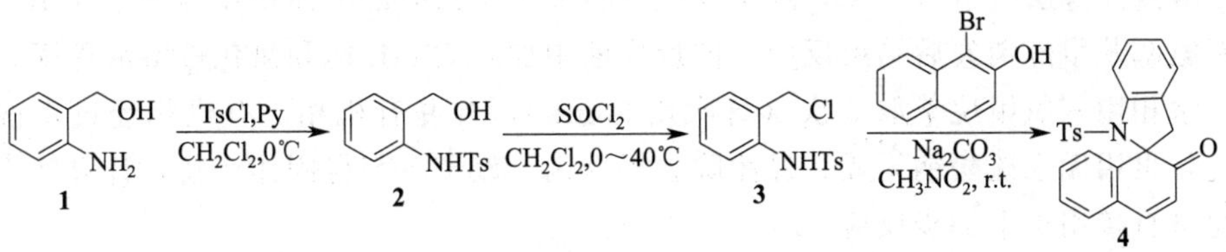

图 1-25 实验涉及的合成路线

2。第二步反应中,产物 2 中的羟基进攻二氯亚砜,脱去一分子氯化氢形成中间体 5,中间体 5 发生碳氧键断裂形成碳正离子和 ⁻OSOCl 紧密离子对,⁻OSOCl 分解出氯负离子以内返的形式正面进攻碳正离子得到产物 3。第三步反应中,化合物 3 在碱的作用下脱去一分子氯化氢形成氮杂邻亚甲基苯醌中间体 6,同时底物 1-溴-2-萘酚在碱的作用下形成酚氧负离子,酚氧负离子对中间体 6 进行 1,4-加成得到中间体 7,中间体 7 发生分子内环化反应得到最终产物 4。

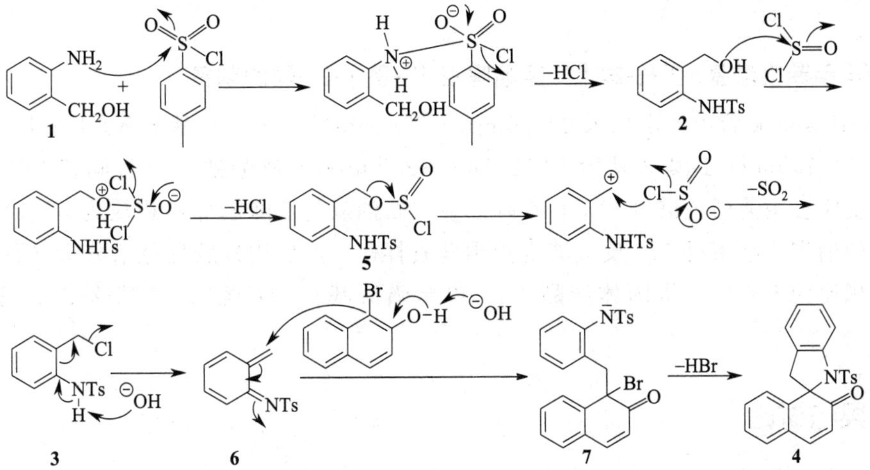

图 1-26 反应机理示意图

仪器及试剂

仪器:圆底烧瓶,恒压滴液漏斗,snack 管(10mL),吸滤瓶,布氏漏斗,分液漏斗,色谱柱,磁力加热搅拌器,旋转蒸发仪,核磁共振仪,傅里叶变换红外光谱仪等。

试剂:邻氨基苯甲醇,对甲基苯磺酰氯,吡啶,二氯亚砜,1-溴-2-萘酚,碳酸钠,二氯甲烷,三氯甲烷,硝基甲烷,硅胶(300~400 目)。所有试剂均为分析纯,可直接使用,无需进一步提纯。

实验步骤

1. N-(2-羟甲基苯基)-4-甲基苯磺酰胺的制备

在 150mL 的圆底烧瓶中依次加入 1.23g(10mmol)邻氨基苯甲醇、0.87g(11mmol)吡啶、60mL 三氯甲烷,再向反应液中滴加对甲苯磺酰氯(1.86g,9.8mmol)的二氯甲烷

(20mL) 溶液。薄层色谱（TLC）跟踪反应（石油醚与乙酸乙酯体积比为 1∶1，$R_f=0.3$），待原料邻氨基苯甲醇消失后结束反应。向反应液中加入 50mL 饱和氯化铵溶液猝灭，分液得有机相，水相用三氯甲烷萃取 3 次（每次用 30mL），合并有机相。有机相经过水洗、饱和食盐水洗，再用无水硫酸钠干燥，过滤除去干燥剂，旋干溶剂得固体产物，计算产率。产物无需纯化可直接用于下一步反应。

2. N-(2-氯甲基苯基)-4-甲基苯磺酰胺的制备

在 150mL 的三口烧瓶中加入 1.31g（11.0mmol）二氯亚砜、5mL 二氯甲烷，再向其中滴加 N-(2-羟甲基苯基)-4-甲基苯磺酰胺（2.50g，9.2mmol）的三氯甲烷（60mL）溶液。待滴加完毕后，在 40℃ 条件下继续搅拌反应。薄层色谱（TLC）跟踪反应（石油醚与乙酸乙酯体积比为 3∶1，$R_f=0.5$），N-(2-氯甲基苯基)-4-甲基苯磺酰胺消失后结束反应。将反应液旋倒入 40mL 冰水中，分液得有机相，水相用三氯甲烷萃取 3 次（每次用 30mL），合并有机相。有机相经饱和食盐水洗，然后用无水硫酸钠干燥，过滤除去干燥剂，旋干溶剂得固体产物 N-(2-氯甲基苯基)-4-甲基苯磺酰胺，计算产率。产物无需纯化可直接用于下一步反应。

3. 1-(4-甲苯磺酰基)-2′H-螺［二氢吲哚-2,1′-萘］-2′-酮的制备

在 10mL snack 管中依次加入 221.6mg（0.75mmol）N-(2-氯甲基苯基)-4-甲基苯磺酰胺、111.5mg（0.5mmol）1-溴-2-萘酚、212.0mg（2.0mmol）碳酸钠、5mL 硝基甲烷，室温条件下搅拌反应。用薄层色谱（TLC）跟踪反应（石油醚与乙酸乙酯体积比为 5∶1），待原料 1-溴-2-萘酚消失后结束反应。反应液直接用硅胶拌样，然后用硅胶柱色谱分析（石油醚与乙酸乙酯体积比为 5∶1），得固体产品 1-(4-甲苯磺酰基)-2′H-螺［二氢吲哚-2,1′-萘］-2′-酮，计算产率。

结果与讨论

将最终产物 1-(4-甲苯磺酰基)-2′H-螺［二氢吲哚-2,1′-萘］-2′-酮进行 ^{1}H NMR 表征和红外表征，并对所得谱图进行分析。

思考题

1. 在邻氨基苯甲醇与对甲苯磺酰氯反应中，氨基作为亲核试剂与对甲苯磺酰氯的反应过程为何会生成氯化氢？该反应中参与的关键中间体是什么？它的形成过程是怎样的？

2. 在本实验中使用薄层色谱（TLC）来跟踪反应进程。请给出选择合适展开剂的原则，并说明展开剂对 R_f 值的影响。

参考文献

[1] Yang Q Q, Xiao C, Lu L Q, et al. Synthesis of indoles through highly efficient cascade reactions of sulfur ylides and N-(ortho-chloromethyl) aryl amides [J]. Angewandte Chemie International Edition, 2012, 51 (36): 9137-9140.

[2] Gui H Z, Wu X Y, Wei Y, et al. A formal condensation and ［4+1］ annulation reaction of 3-isothiocyanato oxindoles with aza-o-quinonemethides [J]. Advanced Synthesis & Catalysis, 2019, 361: 5466.

实验 27
1,3-二苯基咪唑-4,5-二羧酸二甲酯的合成与表征

实验目的

1. 掌握羧酸衍生物的亲核取代反应、Appel 反应、1,3-偶极环加成反应等反应的机理。
2. 巩固运用薄层色谱跟踪反应的进程，巩固抽滤、萃取、柱色谱、旋转蒸发等基本操作。
3. 进一步掌握红外图谱和核磁图谱的解析方法。

实验原理

本实验以苯甲醛和苯肼为起始原料，通过 Knoevnagel 缩合反应、取代反应、1,3-偶极环加成反应等合成得到产物，各步反应进程可用薄层色谱跟踪监测，终产物 1,3-二苯基咪唑-4,5-二羧酸二甲酯通过柱色谱提纯，用红外光谱和核磁共振对产物结构进行表征，验证产物结构。实验涉及的合成路线如图 1-27 所示。

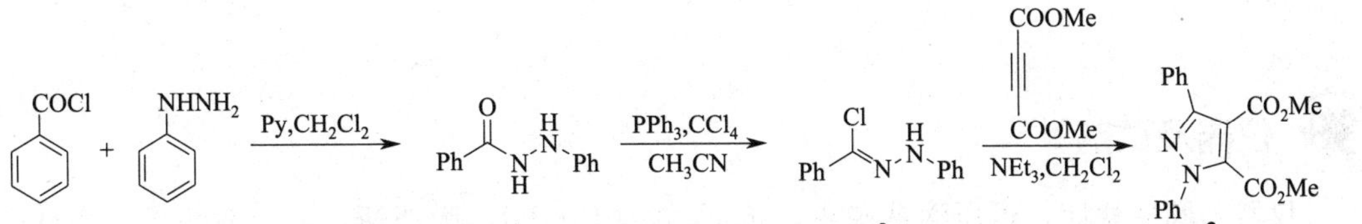

图 1-27　合成路线

本实验各步反应的机理如图 1-28 所示。第一步为酰氯与苯肼的亲核取代反应，苯肼中的氮原子进攻酰氯形成四面体结构的中间体，接着该中间体发生消除反应生成苯甲酰肼 **1**。第二步反应中，三苯基膦进攻四氯化碳形成膦正离子和三氯化碳负离子，苯甲酰肼 **1** 异构化成 **1'**，**1'** 在三氯化碳负离子作用下脱去羟基氢形成氧负离子 **4**，氧负离子 **4** 进攻膦正离子，同时脱去氯负离子形成中间体 **5**，中间体 **5** 异构化为 **5'**，氯负离子进攻中间体 **5'**，再脱去一分子三苯基膦氧形成氯代苯腙 **2**。第三步反应中，氯代苯腙 **2** 在碱的作用下脱去一分子氯化氢形成 1,3-偶极子 **6**，1,3-偶极子 **6** 再与丁炔二酸二甲酯发生 1,3-偶极环加成反应生成产物 1,3-二苯基咪唑-4,5-二羧酸二甲酯 **3**。

第一步亲核取代反应机理:

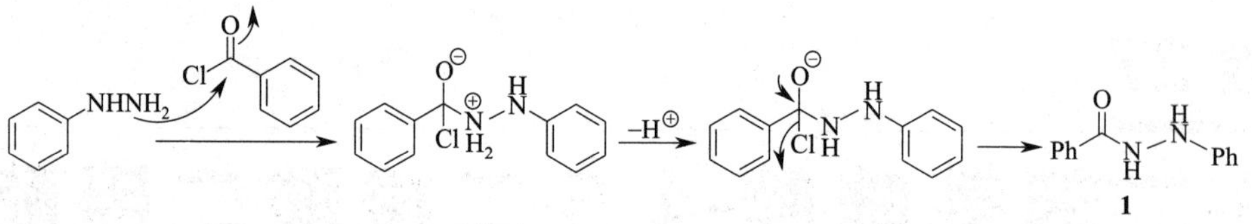

[反应机理图]

第二步 Appel 反应机理:

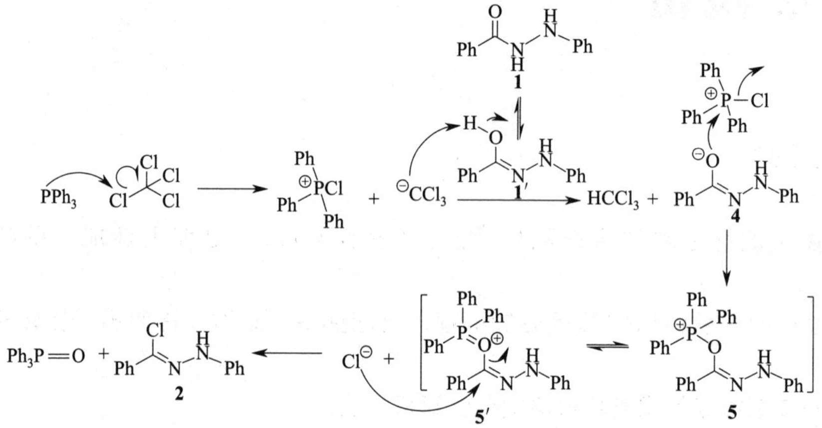

[反应机理图]

第三步 1,3-偶极环加成反应机理:

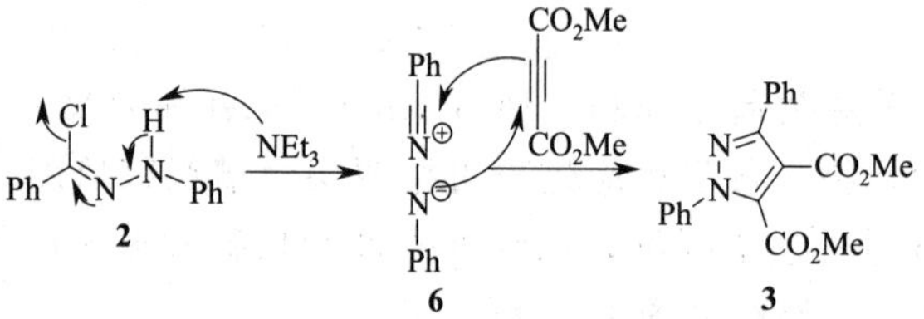

[反应机理图]

图 1-28　反应机理示意图

仪器及试剂

仪器：圆底烧瓶，恒压滴液漏斗，snack 管（10mL），吸滤瓶，布氏漏斗，色谱柱，磁力加热搅拌器，旋转蒸发仪，核磁共振仪，傅里叶变换红外光谱仪等。

试剂：苯甲酰氯，苯肼，三苯基膦，丁炔二酸二甲酯，三乙胺，吡啶，二氯甲烷，四氯化碳，乙腈，硅胶（300～400 目）。所有试剂均为分析纯，可直接使用，无需进一步提纯。

实验步骤

1. 苯甲酰肼的合成

在 100mL 的三口烧瓶中依次加入 2.16g（20mmol）苯肼、1.6g（20mmol）吡啶、20mL 二氯甲烷，反应温度降至 0℃，再向反应液中滴加苯甲酰氯（2.81g，20mmol）的二氯甲烷（10mL）溶液。滴加完毕后，反应液在室温条件下继续反应 2h。抽滤得固体，所得的固体经水洗、乙醇洗，得固体产品苯甲酰肼，计算产率。产物不需进一步纯化，直接用于下步反应。

2. 氯代苯腙的合成

在 150mL 的圆底烧瓶中依次加入 3.40g（25mmol）苯甲酰肼、5.24g（20mmol）三苯基膦、50mL 乙腈，在搅拌下再向其中加入 3.06g（20mmol）四氯化碳。薄层色谱（TLC）跟踪反应（石油醚与乙酸乙酯体积比为 10∶1），待原料苯甲酰肼完全消失后，结束反应。将反应液冷却，会有大量的固体析出，抽滤得固体产物，计算产率。产物不需进一步提纯，直接用于下步反应。

3. 1,3-二苯基咪唑-4,5-二羧酸二甲酯的合成

在 10mL snack 管中依次加入 71mg（0.5mmol）丁炔二酸二甲酯、149.8mg（0.65mmol）氯代苯腙、65.6mg（0.65mmol）三乙胺、5mL 二氯甲烷，室温条件下搅拌反应。薄层色谱（TLC）跟踪反应（石油醚与乙酸乙酯体积比为 5∶1，产物 $R_f=0.5$），待原料丁炔二酸二甲酯消失后结束反应。反应液直接用硅胶拌样，然后用硅胶柱色谱提纯（石油醚与乙酸乙酯的体积比为 5∶1），得固体产品 1,3-二苯基咪唑-4,5-二羧酸二甲酯，计算产率。

结果与讨论

1. 将最终产物 1,3-二苯基咪唑-4,5-二羧酸二甲酯进行 ^{1}H NMR 表征和红外图谱表征，并对所得谱图进行分析。
2. 查阅文献，总结氯代苯腙的合成方法，并比较每一种方法的优缺点。

思考题

1. 薄层色谱（TLC）在本实验中被用于跟踪各步反应的进程。请讨论薄层色谱的基本原理和操作步骤，并分析如何通过 TLC 结果判断反应的完成及产物的纯度。
2. 本实验最后需要对最终产物 1,3-二苯基咪唑-4,5-二羧酸二甲酯进行 ^{1}H NMR 和红外光谱的表征。请解释如何分析 ^{1}H NMR 谱图中的化学位移、耦合常数等信息，以确定分子的化学环境。同时，结合红外光谱的特征吸收峰，说明如何确认产物的结构并与预期结构进行比较。

参考文献

[1] Wamhoff H, Zahran M. ChemInform Abstract: Dihalotriphenylphosphoranes in heterocyclic synthesis. Part 15. A simple one-pot procedure for the generation of nitrilimines using dihalotriphenylphosphoranes: 1,3-dipolar cycloadditions and 1,5-electrocyclizations. [J]. Synthesis, 1987, 19 (10): 876-879.

[2] Garve K B, Petzold M, Jones P G, et al. [3+3]-cycloaddition of donor-acceptor cyclopropanes with nitrile imines generated in situ: Access to tetrahydropyridazines [J]. Organic Letters, 2016, 18 (3): 564-567.

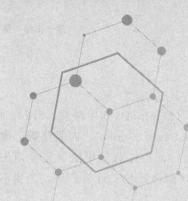

第二部分

研究型实验

实验 28
改性甘蔗渣的制备及其对重金属离子的吸附性能研究

 实验目的

1. 了解改性生物吸附剂的制备方法和原理。
2. 了解改性生物吸附剂对重金属吸附性能的研究方法。
3. 掌握原子吸收光谱仪、红外光谱仪、电位滴定仪等相关仪器的使用方法。

 实验原理

随着现代工业的发展，矿冶、机械制造、化工、电子、仪表等过程中产生大量重金属废水，如不经处理将会对环境造成严重污染，并且通过食物链威胁人体健康，重金属废水的治理迫在眉睫。在众多重金属废水处理方法中，生物吸附法因原料来源丰富、处理成本低、不会造成二次污染、易被生物降解等优点而备受关注。

生物吸附法主要是利用生物体本身的化学结构及成分特性，吸附溶于水中的重金属离子，再通过固、液两相分离去除水中重金属离子。近年来，以农作废弃物如甘蔗渣为材料的生物吸附剂被广泛地应用于重金属废水处理的研究中。中国、巴西、印度是三大甘蔗渣产出国，年约 5 亿吨，而仅在中国就高达 2.62 亿吨。这些废弃的甘蔗渣如不处理将会对环境造成二次污染，而传统的焚烧处理不仅浪费资源还会污染空气，迫切需要开发农作废弃物的综合利用新途径。

甘蔗渣等秸秆主要由纤维素、木质素和半纤维素组成，其表面有丰富的羟基，可通过表面改性的方式提高其对重金属的吸附特性。为此，本实验以废弃甘蔗渣为原料，采用化学接枝法制备均苯四甲酸二酐改性甘蔗渣，同时采用静态吸附法考察改性甘蔗渣对重金属离子 Pb^{2+} 和 Cd^{2+} 的吸附容量、吸附速率、吸附平衡时间等吸附性能参数。

 仪器及试剂

仪器：原子吸收光谱仪（氘灯扣背景，用于测定元素 Pb 和 Cd），傅里叶变换红外光谱（用于测定改性前后甘蔗渣表面官能团的变化），电位滴定仪（用于测定改性甘蔗渣表面羧基的含量），回旋振荡器（国华 HY-5），离心机，圆底烧瓶，锥形瓶等。

试剂：N,N-二甲基甲酰胺（AR），均苯四甲酸二酐（PMDA，AR），硝酸镉（AR），硝酸铅（AR），硝酸（AR），氢氧化钠（GR），超纯水（18.2MΩ·cm）等。

实验步骤

1. 甘蔗渣的预处理

以废弃的甘蔗渣为材料,用去离子水煮沸 1h 后,洗涤 3~5 次,在恒温干燥箱中烘干至恒重,粉碎后过筛,取粒径为 0.075~0.15mm 的甘蔗渣备用。

2. 改性甘蔗渣的制备

称取 1.0000g 均苯四甲酸二酐加入 40.00mL N,N-二甲基甲酰胺中搅拌溶解,然后加入 10.0000g 处理好的甘蔗渣于 70℃恒温磁力搅拌并冷凝回流反应 4h 后抽滤,所得固体粉末先用 0.0100mol·L^{-1} 的 NaOH 溶液碱化,再用去离子水洗涤至中性后真空干燥备用。

3. 改性甘蔗渣的表征

称取 0.1000g PMDA 改性甘蔗用酸洗至中性,然后将其加入 30.00mL 0.0100mol·L^{-1} 的 NaCl 溶液中,向溶液中通氮气 2h 以去除溶于溶液中的二氧化碳等气体。采用 NaOH 标准溶液进行滴定,记录滴定过程中溶液酸度的变化,绘制滴定曲线;采用溴化钾压片法测定甘蔗渣改性前后的红外光谱图。

4. 改性甘蔗渣对重金属离子的静态吸附实验

(1) 改性甘蔗渣对重金属离子的等温吸附实验

称取 0.0100g 改性、未改性甘蔗渣分别加入 40.00mL 不同初始浓度的 Pb^{2+} 和 Cd^{2+} 溶液中(0~100mg·L^{-1}),室温下于振荡器中匀速(120r·min^{-1})振荡,反应 1h 后取出静置,并采用原子吸收光谱仪测定上清液中重金属离子的浓度。

(2) 改性甘蔗渣对重金属离子的吸附动力学实验

称取 0.0200g 改性、未改性甘蔗渣分别加入 80.00mL 的 Pb^{2+}(25mg·L^{-1})和 Cd^{2+}(25mg·L^{-1})溶液中,室温下于振荡器中匀速(120r·min^{-1})振荡,定时取样,并采用原子吸收光谱仪测定不同吸附时间下上清液中重金属离子的浓度。

(3) 酸度对改性甘蔗渣吸附重金属离子的影响实验

称取 0.0100g 改性、未改性甘蔗渣分别加入 40.00mL 不同酸度的 Pb^{2+} 和 Cd^{2+} 溶液中(25mg·L^{-1}),室温下于振荡器中匀速(120r·min^{-1})振荡,反应 1h 后取出静置,并采用原子吸收光谱仪测定上清液中重金属离子的浓度。

结果与讨论

1. 以 pH 值为纵坐标、NaOH 标准溶液消耗量为横坐标绘制滴定曲线。同时,以 $\Delta pH/\Delta V$ 为纵坐标、NaOH 标准溶液消耗量为横坐标绘制滴定曲线的一阶导数曲线,再通过下式计算改性甘蔗渣表面活性官能团的含量:

$$活性官能团含量 = \frac{V(\text{NaOH})c(\text{NaOH})}{m_{样}}$$

2. 以重金属离子吸附量为纵坐标,以 Pb^{2+}、Cd^{2+} 吸附后的浓度为横坐标绘制等温吸附曲线。以重金属离子吸附量为纵坐标,以反应时间为横坐标绘制吸附动力学曲线。Pb^{2+}、Cd^{2+} 吸附量由下式计算可得:

$$q_e = \frac{(c_0 - c_e)V}{m_{样} \cdot 1000}$$

式中，c_0 为吸附前金属离子质量浓度，$mg \cdot L^{-1}$；c_e 为吸附平衡时金属离子质量浓度，$mg \cdot L^{-1}$；q_e 为吸附平衡时金属离子吸附量，$mg \cdot g^{-1}$；V 为取样体积，mL；$m_{样}$ 为待测试样的质量，g。

思考题

1. 在改性甘蔗渣的制备过程中需要注意什么？
2. 原子吸收光谱仪所得标准曲线是否可任意延长？样品测定是否一定要在标准曲线范围内？
3. 如何使用原子吸收光谱仪测定 Pb^{2+}、Cd^{2+} 的浓度？注意事项有哪些？如何尽可能减小测定带来的误差？

参考文献

[1] 徐家宁. 基础化学实验：物理化学和仪器分析实验［M］. 北京：高等教育出版社，2006.
[2] 张宗培. 仪器分析实验［M］. 郑州：郑州大学出版社，2009.
[3] 柏松. 农林废弃物在重金属废水吸附处理中的研究进展［J］. 环境科学与技术，2014，37（1）：94-98.

实验 29
污泥中重金属的浸出研究

实验目的

研究污泥中重金属的浸出，探讨污泥酸浸的最佳条件，同时进一步掌握原子吸收光谱仪的操作。

实验原理

近年来，随着污水处理设施的发展，剩余污泥的产生量大幅度增加，污泥的合理处置变得越来越迫切。有机质含量高，营养元素（如 N、P 和 K）浓度高，表明污泥最好用作农业肥料或土壤再生剂。然而，污泥中重金属的存在将限制其利用。

为了实现污泥无害化和资源化，解决污泥重金属的污染问题，应采用有效措施从受污染的污泥中提取重金属。同时对提取出的重金属进行分离回收，以达到有价金属有效利用的目的。

从污泥中去除和回收重金属有化学萃取法、氯化法、电化学法、离子交换法、膜分离法和生物淋滤法、酸浸法等技术。本文采用硝酸酸浸的方法去除污泥中的Cu，并探讨污泥粒径数目、浸取剂种类及浓度、液固比、浸取时间、浸取pH等条件对污泥中重金属浸取的影响。

仪器及试剂

仪器：原子吸收光谱仪（Thermo Fisher ICE-3500），电子分析天平（ME204E/02），高速离心机（TG16-Ⅱ），恒温培养振荡器（UP-850），真空干燥箱（DZF-6050MBZ），纯水仪（Smart N15UV）等。

试剂：盐酸（GR），醋酸（GR），硝酸（GR），氢氧化钠（AR），EDTA-2Na（AR），EDTA-4Na（AR），Cu^{2+}、Cd^{2+}、和Zn^{2+}等标准溶液（购自国家标准物质中心）。

实验步骤

1. 污泥目数对浸取效果的影响

将1g不同目数（0～60、60～100、100～200）污泥加入40mL硝酸（0.2mol·L^{-1}）中，在摇床中（25℃）摇3h，探讨目数对重金属浸取量的影响。

2. 浸取剂浓度对浸取效果的影响

将1g污泥（100～200目）加入40mL不同浓度的硝酸（0.1mol·L^{-1}、0.2mol·L^{-1}、0.25mol·L^{-1}、0.3mol·L^{-1}、0.5mol·L^{-1}、0.7mol·L^{-1}、1mol·L^{-1}、2mol·L^{-1}）中，在摇床中（25℃）摇3h，探讨浓度对重金属浸取量的影响。

3. 浸取剂种类对浸取效果的影响

将1g污泥（100～200目）加入40mL 0.2mol·L^{-1}不同浸取剂（HCl、HNO_3、CH_3COOH、EDTA-2Na、EDTA-4Na）中，在摇床中（25℃）摇3h，探讨浸取剂种类对重金属浸取量的影响。

4. 液固比对浸取效果的影响

将1g污泥（100～200目）加入不同体积硝酸（0.2mol·L^{-1}）中，于不同液固比（液固比分别为10∶1、20∶1、30∶1、40∶1、50∶1）下在摇床中（25℃）摇3h，探讨液固比对重金属浸取量的影响。

5. 温度对浸取效果的影响

将1g污泥（100～200目）加入40mL硝酸（0.2mol·L^{-1}）中，于不同温度（15℃、25℃、35℃、45℃、55℃）下在摇床中摇3h，探讨温度对重金属浸取量的影响。

6. 时间对浸取效果的影响

将1g污泥（100～200目）加入40mL硝酸（0.2mol·L^{-1}）中，收集不同时间（3min、5min、10min、15min、30min、60min、120min、180min）浸出液，探讨时间对重金属浸取量的影响。

7. pH 对浸出效果的影响

将 1g 污泥（100～200 目）加入 40mL 水中，并用稀硝酸调一系列不同 pH 的溶液（pH 分别为 9、8、7、6、5、4、3、2、1），在摇床中（25℃）摇 3h，探讨 pH 对重金属浸取量的影响。

所有样品处理过程均同时带试剂空白、平行样和质控样。

结果与讨论

由下式计算浸出液和尾接液中各金属离子的浸出率：

$$浸出率(\%) = \frac{cV \times 10^{-3}}{m}$$

式中，c 为浸出液中金属离子的浓度，$mg \cdot L^{-1}$；V 为浸出液的体积，mL；m 为 1.00g 污泥中重金属总含量，mg。

思考题

1. 原子吸收光谱法测金属离子含量的主要原理是什么？
2. pH 是如何影响污泥中重金属的浸出的？

参考文献

[1] 穆华荣，陈志超. 仪器分析实验 [M]. 2 版. 北京：化学工业出版社，2004.
[2] 徐家宁. 基础化学实验：物理化学和仪器分析实验 [M]. 北京：高等教育出版社，2006.

实验 30

水铁矿负载甘蔗渣的制备及其对磷酸根的吸附性能研究

实验目的

1. 了解生物吸附剂及水铁矿的特性。
2. 掌握吸附剂的改性方法，特别是原位沉淀法制备吸附剂的方法和原理。
3. 了解常见吸附剂的表征手段，熟悉其操作方法和工作原理，并能根据表征结果分析吸附剂表面性质的变化。
4. 了解常见吸附模型，并能采用 Origin 软件拟合等温吸附曲线和吸附动力学曲线，计算相关吸附参数。

实验原理

磷是重要的生命元素，也是重要的战略资源，但含磷废水，特别是含磷酸盐的废水极易引起水体富营养化，导致严重的环境污染。甘蔗渣（sugarcane bagasse，SCB）是制糖行业的主要副产物，富含纤维素、半纤维素、木质素等物质，是良好的生物质材料。甘蔗渣对磷酸盐的吸附能力差，为了提高甘蔗渣的吸附能力，需要对其进行适当的改性。据报道，金属氢氧化物，特别是氢氧化铁对不同吸附剂的改性，可提高吸附剂对污染物的吸附性能。氢氧化铁是一种制备简单、无毒的吸附剂，常以水合氧化铁、氢氧化铁和水铁矿等形式存在。其中，水铁矿是铁离子水解首先形成的产物，具有粒径小、比表面积大等特点而备受关注。

本实验以甘蔗渣为原材料，以 $FeCl_3$ 为铁源，采用原位沉淀法制备水铁矿负载甘蔗渣吸附剂。通过扫描电子显微镜-能量色散 X 射线光谱仪（SEM&EDX）、X 射线衍射光谱（XRD）仪、傅里叶变换红外光谱（FTIR）仪和 Zeta 电位仪等对负载甘蔗渣进行表征。在静态条件下，研究水铁矿负载甘蔗渣吸附剂对磷酸根的等温吸附和动力学吸附行为和机理，同时考察复合吸附剂对模拟废水的处理能力。

 仪器及试剂

仪器：扫描电子显微镜，EDX 仪，傅里叶变换红外光谱仪，Zeta 电位仪，紫外-可见分光光度计，X 射线衍射仪等。

试剂：六水三氯化铁，氢氧化钠，磷酸二氢钾，钼酸铵，抗坏血酸等，试剂均为分析纯。

 实验步骤

1. 水铁矿负载甘蔗渣的制备

取废弃物甘蔗渣，水洗数遍去掉沙尘，在去离子水中煮沸 30min，弃掉滤液，如此反复蒸煮数次去掉可溶性糖，在烘箱中烘干至恒重，粉碎，过筛，收集 150～200 目的甘蔗渣备用。

将 0.50g 处理好的甘蔗渣加到 250mL 浓度为 50mmol·L^{-1} 的 Fe^{3+} 溶液中，在磁力搅拌器上搅拌 30min，逐滴加入合适浓度（0.1～1.0mol·L^{-1}）的 NaOH 溶液将混合液的 pH 调至 4.0～5.0，继续搅拌 30min，静置 30min，过滤，滤渣用去离子水和无水乙醇各清洗 3 次，在 60℃真空干燥箱中干燥 12h 后备用。

2. 水铁矿负载甘蔗渣的表征

采用扫描电子显微镜和 EDX 仪观察甘蔗渣负载前后的形貌和主要组成元素变化；采用傅里叶变换红外光谱仪表征甘蔗渣负载前后的主要官能团变化；采用 Zeta 电位仪分析甘蔗渣负载前后的 Zeta 电势的变化。

3. 分光光度法测定 PO_4^{3-} 的浓度

分别取 0mL、1.00mL、2.00mL、4.00mL、6.00mL、8.00mL 浓度为 20.00mg·L^{-1} 标准磷酸根溶液于 50.00mL 比色管中，加适量去离子水，混匀，加入 2.0mL 钼酸铵溶液（26g·L^{-1}），混匀，接着加入 1.0mL 抗坏血酸溶液（10g·L^{-1}），用去离子水定容，摇匀，反应 15min 后测定吸光度。

4. 水铁矿负载甘蔗渣对 PO_4^{3-} 的等温吸附和动力学吸附实验

(1) 等温吸附实验

分别取 0.0200g 负载和不负载的甘蔗渣于 50mL 不同浓度的磷酸根溶液（由 $1000mg \cdot L^{-1}$ 的 KH_2PO_4 稀释而得）中，在 25℃、转速为 $250r \cdot min^{-1}$ 下振荡 2h，采用上述分光光度法测定吸附前后溶液中磷酸根浓度的变化。吸附剂对磷酸根的吸附量采用下式计算。

$$q_e = \frac{V(c_0 - c_e) \times 10^{-3}}{m} \tag{1}$$

式中，q_e 为吸附容量，$mg \cdot g^{-1}$；V 为吸附液体积，mL；c_0 和 c_e 分别为吸附前和吸附平衡时磷酸根的浓度，$mg \cdot L^{-1}$；m 为吸附剂质量，g。

(2) 动力学吸附实验

分别取 0.1000g 负载和不负载的甘蔗渣于 250mL 浓度为 $50mg \cdot L^{-1}$ 的磷酸根溶液中，在 25℃、转速为 $250r \cdot min^{-1}$ 下边振荡边取样，测定不同吸附时间下溶液中磷酸根的浓度。不同时间下吸附剂对磷酸根的吸附量通过下式计算：

$$q_t = \frac{V(c_0 - c_t) \times 10^{-3}}{m} \tag{2}$$

式中，q_t 为 t 时刻的吸附容量，$mg \cdot g^{-1}$；c_0 和 c_t 分别为吸附前和 t 时刻磷酸根的浓度，$mg \cdot L^{-1}$。

5. 水铁矿负载甘蔗渣处理模拟废水的实验

将 0.03g 负载甘蔗渣加入 50mL 浓度为 $20mg \cdot L^{-1}$ 的 PO_4^{3-} 的模拟废水（含 $1mmol \cdot L^{-1}$ 的 NaCl、$NaNO_3$、Na_2SO_4、KCl、$CaCl_2$、$MgCl_2$ 等可溶性盐）中，吸附 2h 后测定废水中磷酸根的浓度，记录扫描曲线，计算去除率。

结果与讨论

1. 水铁矿负载甘蔗渣的表征

通过扫描电子显微镜和能量色散 X 射线光谱仪（SEM&EDX）表征结果观察甘蔗渣负载前后的形貌变化和元素成分变化，以及水铁矿是否负载在甘蔗渣表面。计算负载后甘蔗渣的 Fe 元素含量的变化。

通过 XRD 图谱观察甘蔗渣的衍射峰。通过红外图谱观察甘蔗渣的—OH 和 C—H 键的伸缩振动，木质素中芳香族苯环的骨架振动、C—O 键或 C—O—C 键的伸缩振动、Fe—O—H 键的弯曲振动。根据 Zeta 电势图分析甘蔗渣负载前后的 Zeta 电势的变化。

2. 水铁矿负载甘蔗渣对 PO_4^{3-} 吸附行为研究及其在废水处理中的应用

在不同浓度的磷酸根溶液中加入负载和未负载的甘蔗渣，测定吸附前后磷酸根的浓度，以吸附平衡后的浓度（c_e）为横坐标、吸附量（q_e）为纵坐标，绘制等温吸附曲线和吸附动力学曲线。采用 Langmuir、Freundlich 和 Temkin 模型[式(3)～式(5)]对测定数据进行拟合，拟合结果填入表 2-1。

$$q_e = \frac{q_m K_L c_e}{1 + K_L c_e} \tag{3}$$

$$q_e = K_F c_e^{1/n} \tag{4}$$

$$q_e = \frac{RT}{b_T}\ln(A_T c_e) \tag{5}$$

式(3)~式(5)中，q_m 为磷酸根最大理论吸附量，$mg \cdot g^{-1}$；K_L 为 Langmuir 等温吸附常数，$L \cdot mg^{-1}$；K_F 为 Freundlich 常数，$(mg \cdot g^{-1}) \cdot (mg \cdot L^{-1})^{-1/n}$；$n$ 为 Freundlich 吸附指数；R 为理想气体常数；T 为温度，K；b_T 为 Temkin 常数，$J \cdot mol^{-1}$；A_T 为与平衡常数相对应的最大结合能，$L \cdot mg^{-1}$。

表 2-1 负载甘蔗渣和甘蔗渣的吸附等温曲线非线性拟合结果

参数	Langmuir 模型			Freundlich 模型			Temkin 模型		
	K_L /(L·mg^{-1})	q_m /(mg·g^{-1})	r①	K_F /[(mg·g^{-1})·(mg·L^{-1})$^{-1/n}$]	$1/n$	r①	A_T /(L·mg^{-1})	b_T /(J·mol^{-1})	r①
负载甘蔗渣									
甘蔗渣									

①表中 r 为相关系数。

根据 Langmuir 公式计算负载甘蔗渣的理论吸附量为_____。

通过准一级动力学、准二级动力学和颗粒内扩散模型[式(6)~式(8)]对数据进行拟合，拟合结果填入表 2-2。

$$q_t = q_e(1 - e^{-k_1 t}) \tag{6}$$

$$q_t = \frac{k_2 q_e^2 t}{1 + k_2 q_e t} \tag{7}$$

$$q_t = k_i \sqrt{t} + I \tag{8}$$

式中，k_1 为准一级模型吸附的速率常数，min^{-1}；q_e 为平衡吸附能力，$mg \cdot g^{-1}$；q_t 为 t（min）时的吸附量，$mg \cdot g^{-1}$；k_2 为准二级模型吸附的速率常数，$g \cdot mg^{-1} \cdot min^{-1}$；$k_i$ 为颗粒内扩散动力学模型速率常数，$min^{-1/2}$；I 为截距，$mg \cdot g^{-1}$。

表 2-2 负载甘蔗渣和甘蔗渣的吸附动力学曲线非线性拟合结果

参数	准一级模型			准二级模型			颗粒内扩散模型		
	k_1/(min^{-1})	q_e/(mg·g^{-1})	r	k_2/(g·mg·min^{-1})	q_e/(mg·g^{-1})	r	k_i/(min$^{-1/2}$)	I/(mg·g^{-1})	r
负载甘蔗渣									
甘蔗渣									

思考题

1. 如何根据 SEM&EDX、XRD、FTIR、Zeta 电势等结果分析负载前后吸附剂表面性质的变化？
2. 如何判断甘蔗渣表面负载物是否为纳米水铁矿？

参考文献

[1] 余军霞，池汝安，徐源来，等. 改性甘蔗渣的制备及其对重金属离子的吸附性能综合化学实验[J]. 实验技术与管理，2015，32（11）：39-42.

[2] 周如意，李红霞，余军霞，等. 磷酸改性稻秆和稻叶对 Pb^{2+} 的静态吸附研究[J]. 贵州大学学报

（自然科学版），2019，36（5）：111-118.

[3] 余军霞，周如意，池汝安. 水铁矿负载甘蔗渣吸附磷酸根开放性综合化学实验［J］. 大学化学，2021，36（6）：95-101.

实验 31
MIL-101-(Fe)的合成、表征及其对草甘膦的吸附性能研究

 实验目的

1. 掌握 MIL-101-(Fe)的合成操作步骤。
2. 学会根据 FTIR、XRD 图谱得到相关物质的结构信息。
3. 掌握吸附实验方案的设计及实施操作步骤，学会用 Origin 软件拟合实验数据，计算相关参数。
4. 学会根据吸附性能测试结果设计合理的吸附实验，实现草甘膦废水的高效处理。

 实验原理

草甘膦又称"农达"，即 N-(膦酸甲基) 甘氨酸，是一种广谱、低毒、非选择性的有机磷除草剂，自美国孟山都公司首次将其引入商业市场以来，草甘膦便成为世界上最畅销的一种除草剂，在农业、林业、绿化等领域有着广泛的应用。然而，喷洒的草甘膦极易在自然风雨的作用下转移到地表水和地下水中，形成含低浓度草甘膦的废水，影响生态。草甘膦废水处理方法包括氧化、光催化、吸附等，其中，吸附法具有成本低、易维护、操作简单等优点，受到广泛关注。

近年来，具有比表面积大、形貌可控、活性位点多等特性的金属有机骨架（metal organic frameworks，MOFs）材料在催化、吸附、分离、气体储存、药物传递等领域受到越来越多学者的关注。MIL-101-(Fe)是一种重要的金属有机骨架材料，是由 Fe^{3+} 与对苯二甲酸通过水热反应生成的具有独特八面体的团簇

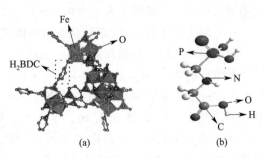

图 2-1 MIL-101-(Fe)（a）和草甘膦（b）的结构式

化合物，结构如图2-1(a)所示，其结构稳定，对环境友好，对磷化物亲和力强。草甘膦是一种阴离子型化合物，分子中有一个羧酸基和亚磷酸基，如图2-1(b)所示。MIL-101-(Fe)可通过配位、静电、氢键等作用吸附草甘膦，达到除去水体中草甘膦的目的。

仪器及试剂

仪器：电子天平，水热反应釜，磁力搅拌器，超声波清洗器，恒温摇床，离心机，真空干燥箱，紫外-可见分光光度计，X射线粉末衍射（XRD）仪，傅里叶变换红外光谱（FT-IR）仪，红外压片机，扫描电子显微镜（SEM）等。

试剂：草甘膦（$C_3H_8NO_5P$），对苯二甲酸（H_2BDC），六水合三氯化铁（$FeCl_3 \cdot 6H_2O$），N,N-二甲基甲酰胺（DMF），无水乙醇（CH_3CH_2OH），过硫酸钾（$K_2S_2O_8$），钼酸铵[$(NH_4)_2MoO_4$]，酒石酸锑钾（$C_8H_4K_2O_{12}Sb_2 \cdot 0.5H_2O$），抗坏血酸（$C_6H_8O_6$），溴化钾（KBr）等。以上试剂均为分析纯。

实验步骤

1. MIL-101-(Fe)的合成

分别将0.618g对苯二甲酸、2.025g六水合三氯化铁于超声条件下溶解到45mL DMF溶液中，磁力搅拌30min后，转入聚四氟乙烯内衬的水热反应釜中，于110℃下反应20h。反应完毕，冷却至室温，分别用DMF和无水乙醇清洗产物3次，离心收集产物，分别于45℃和100℃减压干燥过夜，得到棕色的粉末状物质即为MIL-101-(Fe)，并分别标记为MIL-101-(Fe)-45、MIL-101-(Fe)-100。

2. MIL-101-(Fe)的表征

采用SEM、FTIR、XRD等手段对合成的MOF材料进行表征。

3. 草甘膦的测定和MIL-101-(Fe)对草甘膦吸附性能的测试

（1）草甘膦的测定

采用消解钼酸铵显色法测定草甘膦。分别取浓度为 $500.0\text{mg} \cdot \text{L}^{-1}$ 的标准草甘膦溶液1.00mL、2.00mL、4.00mL、6.00mL、8.00mL、10.00mL于50mL比色管中，加水至25mL刻度线，加4mL过硫酸钾溶液，密封。待消解完毕，冷却后加水定容至50mL刻度线，加入1mL抗坏血酸和2mL钼酸铵显色后，摇匀上机测定。以浓度为横坐标，以扣除参比溶液的吸光度（净吸光度）为纵坐标，绘制标准曲线。

（2）MIL-101-(Fe)对草甘膦吸附性能测试

等温吸附实验：分别称取10mg MIL-101-(Fe)-45、MIL-101-(Fe)-100加入40.00mL不同初始浓度的草甘膦溶液（由 $1000\text{mg} \cdot \text{L}^{-1}$ 的草甘膦溶液稀释而得）中，于25℃和转速为 $275\text{r} \cdot \text{min}^{-1}$ 下吸附6h，吸附完毕，过 $0.45\mu\text{m}$ 滤膜，测定草甘膦吸附前后的浓度及其变化，并按照式（1）计算MIL-101-(Fe)-45、MIL-101-(Fe)-100对草甘膦的吸附量。

吸附动力学实验：分别称取100mg MIL-101-(Fe)-45、MIL-101-(Fe)-100加入400mL浓度为 $200.00\text{mg} \cdot \text{L}^{-1}$ 的草甘膦溶液（由 $1000\text{mg} \cdot \text{L}^{-1}$ 的草甘膦溶液稀释而得）中，于25℃和转速为 $275\text{r} \cdot \text{min}^{-1}$ 下进行吸附，在设定的时间下取样，快速过 $0.45\mu\text{m}$ 滤膜，按照上述方法测定草甘膦吸附前后的浓度，并按照式（1）计算MIL-101-(Fe)-45、MIL-101-

(Fe)-100 在 t 时刻对草甘膦的吸附量。

$$q_e = \frac{(c_0 - c_e) \times V}{m} \tag{1}$$

$$q_t = \frac{(c_0 - c_t) \times V}{m}$$

式中，c_t、c_e 分别为 t 时和吸附平衡后草甘膦的浓度，$mg \cdot L^{-1}$；q_t、q_e 分别为吸附剂在 t 时刻和吸附平衡后对草甘膦的吸附量，$mg \cdot g^{-1}$；c_0 为草甘膦的初始浓度，$mg \cdot L^{-1}$；V 为吸附液的体积，L；m 为吸附剂的质量，g。

4. 模拟废水实验

将不同质量的 MIL-101-(Fe)-100 加入 25mL 浓度为 40.00mg·L^{-1}（约 0.25mmol·L^{-1}）的草甘膦溶液（含浓度均为 2.5mmol·L^{-1} 的 Na_2SO_4、KNO_3、$CaCl_2$、$MgCl_2$、NaF、KBr 的可溶性盐）中，吸附 6h 后，测定吸附后草甘膦的浓度并计算除去率。

结果与讨论

1. 吸附剂的表征

为了探究干燥温度对吸附剂形貌、晶型、红外特征峰的影响，采用 SEM、XRD、FTIR 对所制备的吸附剂进行表征。

2. 等温吸附、吸附动力学和模拟废水处理实验

（1）绘制等温吸附曲线并判断吸附剂的吸附能力以及吸附类型

为进一步了解吸附剂对草甘膦的吸附行为，采用经典的 Langmuir 模型[式(2)]和 Freundlich 模型[式(3)]对实验数据进行非线性拟合。

$$q_e = \frac{q_{max} K_L c_e}{1 + K_L c_e} \tag{2}$$

$$q_e = K_F c_e^{1/n} \tag{3}$$

式中，q_e 为吸附平衡时的吸附量，$mg \cdot g^{-1}$；q_{max} 为最大吸附量，$mg \cdot g^{-1}$；c_e 为吸附平衡时草甘膦的浓度，$mg \cdot g^{-1}$；K_L 为 Langmuir 模型吸附常数，$L \cdot mg^{-1}$；K_F 为 Freundlich 常数，$(mg \cdot g^{-1}) \cdot (mg \cdot L^{-1})^{-1/n}$；$n$ 为 Freundlich 吸附指数。

为了快速得到吸附模型中的相关参数，将实验中得到的两对数据用 Origin 进行拟合，进而判断吸附剂对草甘膦的吸附类型。

（2）绘制吸附动力学曲线并判断吸附平衡时间及吸附速率

采用准一级动力学方程[式(4)]和准二级动力学方程[式(5)]对实验数据进行非线性拟合。

$$q_t = q_e(1 - e^{-k_1 t}) \tag{4}$$

$$q_t = \frac{k_2 q_e^2 t}{1 + k_2 q_e t} \tag{5}$$

式中，q_t 为 t 时刻的吸附量，$mg \cdot g^{-1}$；q_e 为吸附平衡时的吸附量，$mg \cdot g^{-1}$；k_1 为准一级动力学方程速率常数，min^{-1}；k_2 为准二级动力学方程速率常数，$g \cdot mg^{-1} \cdot min^{-1}$。

思考题

1. 请具体说明使用 SEM、XRD 和 FTIR 等表征手段能够提供哪些关于吸附剂特性的关键信息，并讨论这些特性如何与草甘膦的吸附能力相关联。

2. 请结合实际数据分析，讨论不同模型拟合结果对理解 MIL-101-(Fe)吸附草甘膦过程中的动力学行为的意义。

参考文献

[1] 余军霞，周如意，池汝安. MIL-101-(Fe)的合成、表征及对草甘膦的吸附实验［J］. 实验技术与管理，2022，39（4）：168-172.

[2] Langmuir I. The adsorption of gases on plane surfaces of glass, mica and platinum［J］. Journal of the American Chemical Society，1917，143：1361-1403.

[3] Freundlich H. Über die adsorption in Lösungen［J］. Zeitschrift fur Physikalische Chemie，1906，57U（1）：385-470.

实验 32

锑掺杂碳酸氧铋的制备及光催化性能测试

实验目的

1. 掌握制备锑掺杂碳酸氧铋纳米材料的方法。
2. 掌握光催化降解有机污染物的基本原理与实验方法，以及实验数据处理方法。

实验原理

光催化技术作为一种高效、绿色、节能的新兴高级氧化技术，近年来已被广泛应用于废水中重金属离子及有机染料等环境污染物的治理。其中，碳酸氧铋（$Bi_2O_2CO_3$）作为一种宽带隙（$E_g=3.2\sim3.5eV$）半导体材料，已被广泛应用于光催化研究领域。然而，光生电子和空穴的分离效率低，且可见光响应弱，限制了其在可见光范围内的实际应用，因此开发基于 $Bi_2O_2CO_3$ 改性的可见光响应的纳米材料成为研究热点之一。提高 $Bi_2O_2CO_3$ 可见光响应性能的途径主要包括掺杂改性以及复合结构构建等。其中，掺杂改性可以在半导体纳米材料的能带间隙中引入一个中间能级，拓宽光催化剂的光谱响应范围，从而提高其可见光催化活性。本实验以溶剂热法制备锑掺杂改性的 $Bi_2O_2CO_3$。

本实验选取罗丹明 B 作为模拟有机污染物，对锑掺杂前后碳酸氧铋纳米材料的可见光催化性能进行测试。罗丹明 B 光催化降解的可能反应历程如式(1)～式(4)所示。首先，半导体光催化剂（下式中用 SC 表示）接受光子能量大于材料带隙的光照，产生光生电子 [SC(e_{CB}^-)] 与空穴 [SC(h_{VB}^+)] 的分离，如式(1) 所示。随后，光生电子与空穴转移至材料表面后，分别与表面吸附物作用，形成中间体活性自由基。例如光生电子与表面吸附的氧气作用形成超氧阴离子自由基·O_2^- [式(2)]或光生空穴夺取表面吸附的 OH^- 中的电子使之形成羟基自由基·OH [式(3)]。这些自由基通常具有强氧化活性，能够引发罗丹明 B 的自由基链式降解过程，进而得到降解产物水和二氧化碳 [式(4)]。因染料光催化降解过程较为复杂，中间产物有待进一步确定。

$$SC \xrightarrow{h\nu > E_g} SC(e_{CB}^-) + SC(h_{VB}^+) \tag{1}$$

$$O_2 + SC(e_{CB}^-) \longrightarrow \cdot O_2^- \tag{2}$$

$$OH^- + SC(h_{VB}^+) \longrightarrow \cdot OH \tag{3}$$

$$罗丹明 B(吸附) + (\cdot OH, \cdot O_2^-, 和/或 + O_2) \rightarrow \rightarrow \cdots \rightarrow CO_2 + H_2O \tag{4}$$

紫外-可见吸收光谱法是基于分子内电子跃迁产生的吸收光谱进行分析测试的一种仪器分析方法。各种化合物的紫外-可见吸收光谱的特征也就是分子中电子在各能级间跃迁的内在规律的体现，据此可以对许多化合物进行定量分析。此法的理论基础是光的吸收定律——朗伯-比尔定律，其数学表达式为

$$A = kdc \tag{5}$$

朗伯-比尔定律的物理意义：当一束平行单色光垂直通过某溶液时，溶液的吸光度 A 与吸光物质的浓度 c 及液层厚度 d 成正比。此法具有较高的灵敏度和一定的准确度，特别适宜于微量组分的测量。本实验用紫外-可见吸收光谱法进行光催化反应过程中有机污染物罗丹明 B（RhB）的降解率计算。根据式(5)，可推导出以下计算公式：

$$c_t/c_0 = A_t/A_0 \tag{6}$$

$$\eta = (c_0 - c_t)/c_0 \tag{7}$$

式中，A_t 与 A_0 为反应 t 时刻及初始时 RhB 在最大吸收波长（554nm）处的吸光度；c_t 与 c_0 分别为 t 时刻及初始时 RhB 的浓度；η 为 t 时刻 RhB 的降解率。

仪器及试剂

仪器：分析天平，超声波清洗器，高压反应釜，台式高速冷冻离心机，紫外-可见分光光度计，催化转化装置系统，电热恒温鼓风干燥箱，圆底烧瓶（150mL），量筒（25mL、50mL、250mL），离心管（50mL、10mL），烧杯（50mL），移液枪（1mL），样品管。

试剂：五水合硝酸铋 [$Bi(NO_3)_3 \cdot 5H_2O$]，尿素，乙二醇（EG），醋酸锑，罗丹明 B。以上试剂均为分析纯。

实验步骤

1. $Bi_2O_2CO_3$ 的制备

用分析天平称取 0.728g（1.5mmol）五水合硝酸铋 [$Bi(NO_3)_3 \cdot 5H_2O$] 于 150mL 圆底烧瓶中，加入 60mL 乙二醇，超声至完全溶解。再加入 0.324g 尿素后超声至溶液澄清。然

后将上述溶液移入 100mL 高压反应釜内胆中,将高压反应釜外套拧紧后置于 150℃ 烘箱中反应 3h。将反应釜取出自然冷却后,将所得样品转移至多支 50mL 离心管中离心,弃去上清液,用去离子水对所得固样进行充分洗涤(5 次左右),最后将所得固体产物于 60℃ 干燥箱中烘干(一般放置过夜即可),并收集干燥后的样品。

2. 锑掺杂 $Bi_2O_2CO_3$ 的制备

醋酸锑溶液的配制:称取 0.298g 醋酸锑固体置于 25mL 烧杯内,然后用量筒移取 25mL 乙二醇加入烧杯中,超声使醋酸锑充分溶解于乙二醇中,密封避光保存备用。

锑掺杂 $Bi_2O_2CO_3$ 的制备:如上所述制备 $Bi_2O_2CO_3$ 的过程,在溶剂热反应之前,向圆底烧瓶中加入 1mL 配制所得的醋酸锑溶液,乙二醇加入量相应减少为 59mL,其他步骤与上述 $Bi_2O_2CO_3$ 制备过程相同。

3. 可见光催化性能测试

(1)罗丹明 B(RhB)溶液的配制

称取 0.048g RhB 粉体样品置于烧杯中,加少许去离子水将其超声溶解,然后移入 100mL 容量瓶中用去离子水定容,配制得到 $1×10^{-3}$ mol·L^{-1} 的高浓度溶液备用。用移液枪移取 5mL 配制所得的 $1×10^{-3}$ mol·L^{-1} RhB 溶液置于 100mL 容量瓶中,用去离子水定容,得到 $5×10^{-5}$ mol·L^{-1} 的 RhB 溶液。

(2)光催化剂对 RhB 的吸附

分别称取 0.02g 制备所得的 $Bi_2O_2CO_3$ 与锑掺杂的 $Bi_2O_2CO_3$ 固样置于两支石英光催化反应管中,编号记为 A、B。另取一支石英反应管编号记为 C,用作不加催化剂时 RhB 的空白对照实验。分别用 50mL 量筒移取 40mL RhB 溶液($5×10^{-5}$ mol·L^{-1})置于 A、B、C 反应管中,超声 10min 后,将反应管置于暗室中磁力搅拌 30min,达吸附平衡后取悬浊液 3mL 装入 10mL 离心管于离心机中离心(离心机转速为 8000r·min^{-1}),确保固体催化剂与溶液充分分离(C 管中溶液无催化剂,无需离心分离)。

(3)光催化剂对 RhB 的光催化降解

将 A、B、C 三支反应管从暗室中取出,开启光催化反应器光源(500W 氙灯,加 420nm 滤光片过滤紫外光,以此模拟可见光)进行光照,隔 5min、10min、20min、30min、60min、90min、120min 后分别从 A、B、C 反应管中移取 3mL 反应液,同(2)中所述方法于离心机中充分离心以确保固液两相分离,至 B 管中 RhB 溶液完全褪色为止(约 120min)。

(4)紫外-可见吸收光谱法测试 RhB 浓度变化

将 3mL RhB 原溶液($5×10^{-5}$ mol·L^{-1})以及 A、B、C 三组吸附平衡及光照过程中所取充分离心后的上清液,按照浓度由低至高顺序依次移入紫外-可见分光光度计专用比色皿中,进行紫外-可见吸收光谱测试,得到光催化降解过程中 RhB 的紫外-可见吸收光谱图。由 RhB 最大吸收波长(554nm)处吸光度的变化确定光催化降解过程中 RhB 的浓度变化。

结果与讨论

1. RhB 光催化降解曲线的绘制

由实验所测光催化反应过程中 RhB 的紫外-可见光谱图,根据实验原理中的式(6)进行 c_t/c_0 的计算,以 c_t/c_0 为纵坐标、光照时间 t 为横坐标,作出 RhB 光催化降解曲线图。应用式(7)对 RhB 的最终降解率进行计算，比较制备所得 $Bi_2O_2CO_3$ 及锑掺杂 $Bi_2O_2CO_3$ 催化剂对 RhB 的光催化降解率大小。

2. 反应级数及速率常数确定

Langmuir-Hinshewood 动力学模型方程如下所示：

$$r=-\mathrm{d}c/\mathrm{d}t=k_1\frac{K_2c}{1+K_2c}$$

式中，r 为反应底物的降解速率；c 为反应底物的浓度；k_1 为反应底物的光降解速率常数；K_2 为反应底物在催化剂表面的吸附平衡常数。当反应底物浓度很低时，$K_2c \ll 1$，则 $r=-\mathrm{d}c/\mathrm{d}t=k_1K_2c=k'c$，即反应速率与反应底物浓度的一次方成正比，反应级数为一级，$\ln(c_t/c_0)$ 对 t 作图为直线，由直线斜率可确定光催化反应的表观速率常数 k'。比较制备所得 $Bi_2O_2CO_3$ 及锑掺杂 $Bi_2O_2CO_3$ 催化剂对 RhB 的光催化降解表观速率常数 k' 的大小。

思考题

1. 分析锑掺杂对 $Bi_2O_2CO_3$ 光催化剂性能的影响，并讨论其可能的作用机制。
2. 根据 Langmuir-Hinshelwood 动力学模型，解释如何从实验数据中确定光催化反应的级数和速率常数，并讨论这些参数对光催化效率的影响。

参考文献

赵慧平，陈嵘. 光催化与现代测试技术应用于物理化学实验的探索——以锑掺杂氧化铋的制备及光催化性能测试为例 [J]. 化学教育，2016，37（10）：35-39.

实验 33
纳米四氧化三铁的合成及其降解性能研究

实验目的

1. 了解用共沉淀法制备纳米四氧化三铁粒子的原理和方法。
2. 了解纳米四氧化三铁粒子的超顺磁性性质。
3. 掌握无机制备中的部分操作。

实验原理

高级氧化技术是去除难降解有毒有害有机物的有效方法，其中应用较为广泛的是芬顿

(Fenton）反应。该反应利用亚铁离子（Fe^{2+}）催化 H_2O_2 产生具有强氧化性的羟基自由基（·OH），其氧化还原电位为 3.08eV，仅次于氟，几乎可以无选择性地氧化降解有机物。Fe_3O_4 含有的二价铁，能作为电子供体，激发芬顿（Fenton）反应；同时，磁铁矿结构稳定，易于实现固、液分离，可回收再利用。四氧化三铁纳米微粒的制备方法如下所示。

$$Fe^{2+} + 2Fe^{3+} + 8OH^- \xrightarrow{\triangle} Fe_3O_4 + 4H_2O$$

仪器及试剂

仪器：紫外-可见分光光度计（型号任意），PHS-3D 型精密 pH 计（上海雷磁仪器厂），真空干燥箱，循环水真空泵，分析天平，比色管（50mL），摇床，超声反应器，恒温磁力搅拌器，磁铁（1块），红外光谱仪，X 射线衍射仪，扫描电子显微镜，透射电子显微镜等。

试剂：三氯化铁，硫酸亚铁，盐酸，氢氧化钠溶液，柠檬酸，氨水，磺基水杨酸（20%），过氧化氢（质量分数为30%），亚甲基蓝，无水乙醇。试剂均为分析纯，所有溶液都用去离子水进行配制。

实验步骤

1. 四氧化三铁纳米微粒的制备

取 $FeCl_3$（0.02mol）与 $FeSO_4$（0.015mol）混合，加入 0.01mol 柠檬酸，总体积为 100mL。在磁力搅拌下将混合溶液逐滴加入 100mL 氢氧化钠（1.0mol·L^{-1}），通入氮气进行保护，合成温度保持在 60℃，滴加时间控制在 30min。滴加结束后，继续放置在 60℃ 热水浴中搅拌 1h，停止搅拌，非加热静置 30min。当溶液温度降至室温后，使用 pH 计，通过加酸或碱，调节 Fe_3O_4 溶液为近中性。全部转移至试剂瓶中，加水至 500mL，室温下保存。

2. 亚甲基蓝（MB）吸收曲线、工作曲线的绘制

① 用逐级稀释法配制 1mg·L^{-1}、2mg·L^{-1}、3mg·L^{-1}、4mg·L^{-1}、5mg·L^{-1} 亚甲基蓝溶液；取 5mg·L^{-1} 的亚甲基蓝溶液绘制吸收曲线（在 640~690nm 波长范围内，每隔 10nm 测定一次吸光度，其中 660~670nm 波长范围内，每隔 2nm 测定一次吸光度）；在最大波长 λ_{max} 下绘制工作曲线。

② 预先用 pH=2 的 HCl 溶液和 pH=12 的 NaOH 溶液分别配制酸性和碱性的亚甲基蓝溶液（5mg·L^{-1}），备用（此溶液各小组需单独配制）。配制 pH 为 3、5、7、9、11 的 5mg·L^{-1} 亚甲基蓝溶液（pH 可以有 ±0.1 的配制误差范围，下同），并及时做测试，绘制吸收曲线（在 640~690nm 波长范围内，每隔 10nm 测定一次吸光度，其中 660~670nm 波长范围内，每隔 2nm 测定一次吸光度）。

③ 配制 pH 为 3、5、7、9、11 的 5mg·L^{-1} 亚甲基蓝溶液，在各自 λ_{max} 下，每隔 3min，记录吸光度 A 值，共计 30min，绘制不同 pH 条件下亚甲基蓝的自衰减曲线。此步骤需预先配制好溶液，及时做测试。

3. 染料初始 pH 值的影响

分别配制 pH 为 3、5、7、9、11 的亚甲基蓝溶液，浓度为 5mg·L^{-1}，体积取 40mL，加入 3mL 纳米四氧化三铁溶液，放置 2min 后，加入 1mL 过氧化氢溶液（0.1mol·L^{-1}），

用水将总体积定容到 50mL，迅速将混合液超声（或用摇床）使其反应 30min。此后，用离心方式将四氧化三铁纳米粒子从溶液中分离出来，取上清液用紫外-可见分光光度计在 λ_{max} 附近处测定吸光度，从而得到溶液中亚甲基蓝的浓度，据此计算亚甲基蓝的去除率（需要平行试样）。

如果没有区分度，应增加或者减少四氧化三铁溶液的体积。

4. 比较 Fe_3O_4、H_2O_2 以及 $Fe_3O_4 + H_2O_2$ 的催化性能

在最佳 pH 条件下，取 $5mg \cdot L^{-1}$ 的亚甲基蓝溶液 40mL，加入 3mL（或者其他合适体积）的纳米四氧化三铁溶液，放置 2min 后，加入 1mL 的过氧化氢溶液（$0.1mol \cdot L^{-1}$），用水将总体积定容到 50mL，迅速将混合液超声（或用摇床）使其反应 30min。此后，用离心方式将四氧化三铁纳米粒子从溶液中分离出来，取上清液用紫外-可见分光光度计在 λ_{max} 附近处测定 A，计算溶液中亚甲基蓝的浓度，据此计算亚甲基蓝的去除率，并进行性能比较，只加入 Fe_3O_4 或只加入 H_2O_2 作为比较条件（需要平行试样）。

5. Fe_3O_4 溶液铁量的测定

① 于 6 个 50mL 容量瓶中，分别加入 0.0mL、1.0mL、2.0mL、3.0mL、4.0mL、5.0mL $50.0\mu g \cdot mL^{-1}$ 铁标准溶液，然后分别加入 5.0mL 20%磺基水杨酸，用 1∶1 氨水中和至黄色并过量 2mL，用水稀释至刻度，定容，摇匀，在 λ_{max} 为 420nm 的条件下测定吸光度，以试剂空白作为参比，绘制出标准曲线，并求其摩尔吸光系数 ε 及相关系数 R（用计算机处理数据）。

② 混合均匀 Fe_3O_4 溶液，取 1mL 溶液到小烧杯中，加入浓硝酸 1mL，加热成透明溶液，冷却，定容到 50mL 容量瓶中，此溶液记为 V_1；平行移取 2 份一定量上述铁试液于 50mL 容量瓶中，取样体积为 2mL（V_2），然后按照标准曲线的测定方式，分别加入 5.0mL 20%磺基水杨酸，用 1∶1 氨水中和至黄色并过量 2mL，用水稀释至刻度，定容，摇匀。以试剂空白作为参比，测定吸光度，根据吸光度 A 从标准曲线上求出 Fe_3O_4 溶液铁含量并计算平均值。如果测定吸光度值过大或过小，应该调整取样体积 V_2 后重新测定。

注意：所有可能污染的药品都不要直接倒入下水道，用容器收集起来！

结果与讨论

1. 用 Origin 绘图软件处理数据，绘制亚甲基蓝的吸收曲线和工作曲线。
2. 用 Web of Science 和知网查阅文献，并导入到 Endnote 中。

思考题

1. 在实验中，为什么需要在合成四氧化三铁纳米微粒的过程中通入氮气？请解释氮气保护的作用，并讨论如果没有通入氮气，实验结果可能会受到的影响。
2. 请解释影响四氧化三铁纳米粒子催化效率的因素，如反应 pH、催化剂用量及反应时间等。
3. 对合成出的四氧化三铁进行表征说明。
4. 说明催化降解实验中染料初始 pH 值的影响。
5. 对 Fe_3O_4 溶液铁量测定进行说明。

6. 对降解机理进行简单分析。

参考文献

[1] 陈海峰,袁欣蕊,陈康佳. 纳米四氧化三铁碳片对亚甲基蓝废水的催化脱色[J]. 化学研究与应用,2023,35(7):1609-1616.
[2] 张智超,潘自斌,赵燕群,等. 纳米磁性 Fe_3O_4 催化 H_2O_2 氧化降解亚甲基蓝的研究[J]. 福建师范大学学报(自然科学版),2015,31(5):49-55.
[3] 邓景衡,文湘华,李佳喜. 碳纳米管负载纳米四氧化三铁多相类芬顿降解亚甲基蓝[J]. 环境科学学报,2014,34(6):1436-1442.

实验 34
基于生物质的多孔碳材料的制备及其电容性能研究

实验目的

1. 了解超级电容器的原理。
2. 了解超级电容器比电容的测试原理及方法。
3. 了解超级电容器双电层储能机理的特点。
4. 掌握超级电容器电极材料的制备方法。
5. 掌握利用循环伏安法及恒流充放电测定材料比电容的测试方法。

实验原理

因为气候的变化和化石燃料总量的减少,可持续和可再生资源将成为社会能源的转型方向。为了有效利用可再生能源,开发高性能、低成本、环保的能量转换和储存系统非常重要。近年来,超级电容器的研究已成为全球重要的研究方向。超级电容器是一种高性能的储能和输送装置,主要通过电化学赝电容或静电双电层机制储存电荷,因此它们在电力系统和能量装置中都有大量的应用。与赝电容型超级电容器相比,双电层型超级电容器有更好的循环稳定性,但往往存在比电容较低的缺点。碳材料(如活性炭、石墨烯、碳纳米管)等在双电层电容器中作为电极材料已被广泛应用。通过将多孔碳与杂原子掺杂,使多孔碳表面具有更多的活性位点,从而达到增加比电容的目的。已开展的研究工作主要有硼、硫、磷和氮等原子掺杂。由于氮原子与碳原子半径相近，在元素周期表中氮元素位置又与碳元素相邻，因此在多孔碳材料中掺杂氮原子，可以改变材料活性，调整孔道结构，引入氮原子官能团，从而提高比电容。

仪器及试剂

仪器：管式炉，高纯氮气，烘箱，扫描电子显微镜，电化学工作站，X 射线衍射仪，拉曼光谱仪，X 射线光电子能谱仪，气体吸附分析仪等。

试剂：壳聚糖粉（脱乙酰度>90%），KOH（AR），HCl（AR），无水乙醇（AR），泡沫镍，导电炭黑，PTFE 溶液。

实验步骤

1. 壳聚糖多孔碳的制备

将一定量壳聚糖放入管式加热炉中，在氮气氛围中加热至 350℃（升温速率为 4℃·min^{-1}），保温时间为 2h，得到预炭化的壳聚糖（CTS）。再将上述预炭化的壳聚糖与不同质量的 KOH 混合，研磨均匀，放入管式加热炉（氮气氛围）中加热至 750℃，升温速率为 5℃·min^{-1}，保温时间为 2h。产物首先用 10%（质量分数）的盐酸溶液进行洗涤，随后用去离子水和无水乙醇多次洗涤直至中性。KOH 与预炭化的壳聚糖质量比（简称为碱碳比）分别为 0、1、2、3、4，分别命名为 KOH-CTS-0、KOH-CTS-1、KOH-CTS-2、KOH-CTS-3、KOH-CTS-4，各种制备的碳材料泛称为 KOH-CTS-n。

2. 多孔碳材料的表征

使用扫描电子显微镜（SEM）对多孔碳的显微结构和形貌进行分析。测试时取少许样品粘在导电胶上，喷金 3min 后，放置于样品台上进行形貌观察，电压为 5kV。为了更深入地了解多孔碳的晶体结构，使用 X 射线粉末衍射仪（XRD）和拉曼光谱仪进行分析。XRD 用来观察材料晶型结构的变化特征，采用 Cu Kα 靶为 X 射线发射源，波长 λ 为 0.15418nm，扫描范围 2θ 为 5°~80°，扫描速率为 5°·min^{-1}。将所制备的多孔碳材料平铺在样品槽中并压实后测试。拉曼光谱仪主要用来观察材料的表面缺陷和石墨化程度。将所制备的碳材料平铺在干净载玻片上，测试波长为 3500~500cm^{-1}，激发波长为 532nm。比表面积和孔径分布是衡量材料孔道结构特征的重要参数。为了解合成材料的比表面积和孔径分布，采用 N_2 吸附-脱附分析技术。测试前，将 50mg 样品装入样品管中，先经 180℃ 真空脱气 4h，然后采用比表面积分析仪测试，测试温度为 -196℃，得到样品的 N_2 吸附-脱附等温曲线。材料的比表面积采用 BET 模型计算，孔径分布通过非定域密度泛函理论（NLDFT）方法获得。最后，使用 X 射线光电子能谱（XPS）对碳材料的表面元素组成和化学状态进行全面检测。XPS 技术可以提供关于样品表面元素的种类和化学键合状态的信息，从而帮助进一步了解样品的化学性质。

3. 电极片的制备

按照壳聚糖活性炭、导电炭黑、聚四氟乙烯溶液的质量比为 8:1:1 混合，加入乙醇分散，超声，120℃烘干。加入少许乙醇搅拌成黏稠状，均匀涂抹在面积为 1cm^2 的泡沫镍集流体上。将涂好的电极于 120℃下干燥 30min，在 10MPa 压力下进行压片，保持 30s，制得电极片。

4. 电化学性能测试

所做电化学测试均在科斯特电化学工作站上进行，测试条件为室温。采用三电极体系进行电化学测试，电解液为 6mol·L^{-1} 的 KOH 溶液，参比电极和对电极分别为 Hg/HgO 电极和铂片，工作电极为上述制备的电极片。采用循环伏安（CV）法、恒电流充放电（GCD）法和交流阻抗（EIS）法对样品电化学性能进行测试。工作电压窗口为 $-1\sim0$V。EIS 测试的频率范围为 100kHz~10MHz，电压振幅为 10mV。本研究中三电极测试系统中的比电容的计算采用如下公式：

$$C = \frac{I\Delta t}{m\Delta U}$$

式中，C 为比电容，F·g^{-1}；I 为放电电流，A；Δt 为放电时间，s；m 为电极上活性物质的质量，g；ΔU 为工作电压窗口，V。

 结果与讨论

1. 通过扫描电子显微镜（SEM）观察样品的微观结构。SEM 图像可以揭示材料是否呈现多孔的蜂窝状结构，这对于理解材料的孔隙特性至关重要。KOH 活化可以显著改变壳聚糖基材料的孔隙结构，使其形成丰富的多孔网络，从而提高材料的比表面积和吸附性能。此外，通过调整 KOH 的用量，可以进一步调控材料的孔径大小和分布，进而影响其在储能中的性能。

2. 使用 X 射线衍射（XRD）技术对多孔碳材料进行表征，记录衍射角度（2θ）与衍射强度数据。XRD 分析能够识别出主要的衍射峰，特别是在约 23.6°和 43.8°处的峰，这些峰分别对应于无定型碳的（002）和（100）晶面。通过分析这些峰的强度和宽度，可以推断出材料的晶体结构特征和晶格参数的变化。KOH 活化剂的引入通常会导致这些峰的消失或减弱，表明 KOH 活化剂增加了材料的无序程度和缺陷密度。

3. 通过拉曼光谱分析材料的结构缺陷及其对电化学性能的影响。拉曼光谱中的 D 带和 G 带峰可以用来评估材料的石墨化程度和缺陷密度。D 带通常与 sp^3 无序碳晶格缺陷相关，而 G 带则与 sp^2 石墨碳结构相关。I_D 与 I_G 比值（I_D/I_G）的增加表明缺陷程度提高，从而可能影响材料的电容性能。

4. 通过 X 射线光电子能谱（XPS）分析多孔析碳样品表面存在的元素及其化学状态。XPS 全谱扫描可以识别出碳、氮、氧等元素的存在，并提供关于官能团的信息。含氧官能团的引入可以通过 XPS 分析得到验证，这些官能团如 C—O、O—C=O 等，能够影响材料的电化学性能，例如提高电极表面的润湿性和电解质离子的扩散能力。此外，XPS 还可以检测到含氮官能团的存在，如吡啶氮、吡咯氮和石墨氮。这些含氮官能团不仅能够调节材料的电子结构，还能增强材料的导电性和电化学活性，从而进一步提升其在电化学应用中的性能。

5. 使用气体吸附分析仪（如 BET 分析仪）对多孔碳材料进行比表面积和孔隙结构的表征。通过氮气吸附-脱附等温线可以计算出材料的比表面积、孔体积和孔径分布。BET 比表面积分析能够提供材料的总表面积信息，而通过 DFT（密度泛函理论）或 BJH（Barrett-Joyner-Halenda）方法可以进一步分析微孔、介孔和大孔的分布情况。这些数据对于理解材料的孔隙特性及其在电化学应用中的性能至关重要。KOH 活化剂的引入通常会显著增加材料的比表面积和孔隙率，从而改善其在超级电容器等应用中的电化学性能。

 思考题

1. KOH 的用量对电化学性能有什么影响？

2. 增加电极材料的电容性能有哪些方法？

参考文献

[1] 邓筠飞，杜卫民，王梦瑶，等. 基于玉米秸秆合成的多孔生物质炭材料及其电化学储能 [J]. 应用化学，2019，36（11）：1323-1332.
[2] 李鑫蕊，张金才，宋慧平，等. 生物质基碳材料的制备及其在超级电容器中的研究进展 [J]. 功能材料，2024，55（3）：3051-3063.

实验 35

水泥熟料全分析

实验目的

1. 了解重量法测定水泥熟料中 SiO_2 含量的原理和方法。
2. 进一步掌握配位滴定法的原理，特别是通过控制试剂的酸碱度、温度及使用适当的掩蔽剂和指示剂等，在铁离子、铝离子、钙离子、镁离子等共存时直接分离各离子的方法。
3. 掌握水浴加热、沉淀、过滤等操作技术。
4. 掌握尿素均匀沉淀法的分离技术。

实验原理

水泥主要由硅酸盐组成，分为硅酸盐水泥、矿渣硅酸盐水泥（矿渣水泥）、火山灰质硅酸盐水泥（火山灰水泥）、粉煤灰硅酸盐水泥（粉煤灰水泥）四种。水泥熟料由水泥生料经 1400℃ 以上高温煅烧而成。硅酸盐水泥由熟料加入适量石膏而成，其成分均与水泥熟料相似，可按水泥熟料化学分析法进行测定。水泥熟料、未掺混合材料的硅酸盐水泥、碱性矿渣水泥可采用酸法进行分解；不溶性含量较高的水泥熟料、酸性矿渣水泥、火山灰水泥等酸性氧化物，可采用碱熔融法进行分解。本实验采用硅酸盐水泥，其一般较易为酸所分解。

SiO_2 的测定可采用滴定法和重量法。重量法又因使硅酸盐凝聚所用的物质的不同分为盐酸干涸法、动物胶法、NH_4Cl 法等。本实验用 NH_4Cl 法，将试样与 7~8 倍质量的固体 NH_4Cl 混匀后，再加入 HCl 分解试样，经沉淀分离、过滤、洗涤后的 $SiO_2 \cdot nH_2O$ 在瓷坩埚中 950℃ 灼烧恒重。本法测定结果较标准法约偏高 0.2%。若改用铂坩埚在 1100℃ 灼烧恒重，经氢氟酸处理后，测定结果与标准法结果的误差小于 0.1%。生产上 SiO_2 的快速分析常采用氟硅酸钾滴定法。

$$H_2SiO_3 \cdot nH_2O \xrightarrow{110℃} H_2SiO_3 \xrightarrow{950\sim1000℃} SiO_2$$

水泥中各离子含量的测定需要分步进行。水泥试样经 HCl 溶液分解、HNO_3 溶液氧化后，以磺基水杨酸钠为指示剂，用 EDTA 配位滴定法测定 Fe^{3+}；以 PAN 为指示剂，用 $CuSO_4$ 标准溶液返滴定法测定 Al^{3+}。若试样中含有 Ti^{4+}，则用 $CuSO_4$ 返滴定法测得的实际上是 Al^{3+}、Ti^{4+} 的总量。若要测定 TiO_2 的含量，可加入苦杏仁酸解蔽剂将 TiY 解蔽成 Ti^{4+}，再用 $CuSO_4$ 标准溶液滴定释放的 EDTA。若 Ti^{4+} 含量较低时可用比色法测定。含量较高的 Fe^{3+}、Al^{3+} 对 Ca^{2+}、Mg^{2+} 测定有干扰，可用尿素均匀沉淀法使 Fe^{3+}、Al^{3+} 转化为 $Fe(OH)_3$、$Al(OH)_3$ 进行分离，然后以 GBHA 或铬黑 T 为指示剂，用 EDTA 配位滴定法测定 Ca^{2+}、Mg^{2+}。

仪器及试剂

仪器：马弗炉，瓷坩埚，干燥器，坩埚钳，定性滤纸，中速定量滤纸等。

试剂：

1. 指示剂

磺基水杨酸钠指示剂（10%，10g 磺基水杨酸钠溶于 100mL 水中），PAN 指示剂（0.3%，乙醇溶液），铬黑 T 指示剂（$1g \cdot L^{-1}$，称取 0.1g 铬黑 T 溶于 75mL 三乙醇胺和 25mL 乙醇中），溴甲酚绿（$1g \cdot L^{-1}$，20% 乙醇溶液），GBHA（$0.4g \cdot L^{-1}$，乙醇溶液）。

2. 缓冲溶液

氯乙酸-醋酸铵缓冲溶液（pH=2，850mL $0.1mol \cdot L^{-1}$ 氯乙酸与 85mL $0.1mol \cdot L^{-1}$ NH_4Ac 混匀），氯乙酸-醋酸钠缓冲溶液（pH=3.5，250mL $2mol \cdot L^{-1}$ 氯乙酸与 500mL $1mol \cdot L^{-1}$ NaAc 混匀），硼砂缓冲溶液（pH=12.6，10g NaOH 与 10g $Na_2B_4O_7 \cdot 10H_2O$ 溶于适量蒸馏水后，稀释至 1L），氨水-NH_4Cl 缓冲溶液（pH=10，称取 67g NH_4Cl 固体溶于适量蒸馏水中，加入 520mL 浓氨水，用蒸馏水稀释至 1L）。

3. EDTA 标准溶液（$0.02mol \cdot L^{-1}$）

在台秤上称取 4g EDTA，加入 100mL 水溶解后，转移至塑料瓶中，稀释至 500mL，摇匀，待测定。

4. 铜标准溶液（$0.02mol \cdot L^{-1}$）

准确称取 0.3g 纯铜，加入 3mL $6mol \cdot L^{-1}$ HCl 溶液，滴加 2~3mL H_2O_2，盖上表面皿，微沸溶解，继续加热赶去 H_2O_2，冷却后转入 250mL 容量瓶中，用水稀释至刻度，摇匀。

5. 其他试剂

NH_4Cl，氨水（1:1），盐酸溶液 [$12mol \cdot L^{-1}$（浓）、$6mol \cdot L^{-1}$、$2mol \cdot L^{-1}$]，NH_4NO_3 溶液（1%、$10g \cdot L^{-1}$），浓硝酸溶液，NH_4F 溶液（$200g \cdot L^{-1}$），NaOH 溶液（$200g \cdot L^{-1}$），尿素（$500g \cdot L^{-1}$），$AgNO_3$ 溶液（$0.1mol \cdot L^{-1}$）。

实验步骤

1. EDTA 标准溶液的标定

移取 10.00mL 铜标准溶液于 250mL 锥形瓶中，加入 5mL pH 为 3.5 的氯乙酸-醋酸钠缓冲溶液和 35mL 水，加热至 80℃后，加入 4 滴 PAN 指示剂，趁热用待标定的 EDTA 标准溶液滴定至由红色变为绿色，即为终点，记下消耗 EDTA 标准溶液的体积。平行测定 3 次，计算 EDTA 标准溶液的浓度。

2. SiO_2 的测定

准确称取 0.4g 水泥试样，置于干燥的 50mL 烧杯中，加入 2.5~3g 固体 NH_4Cl，用玻璃棒混匀，滴加浓 HCl 溶液至试样全部润湿（一般约 2mL），并滴加 2~3 滴浓 HNO_3，搅匀。小心压碎块状物，盖上表面皿，置于沸水浴上，加热 10min，加入热蒸馏水约 40mL，搅动以溶解可溶性盐类。过滤，用热蒸馏水洗涤烧杯和沉淀，直至滤液中无 Cl^- 为止（以 $AgNO_3$ 检验），弃去滤液。

将沉淀连同滤纸放入已恒重的瓷坩埚中，低温干燥、炭化并灰化后，于 950℃约烧 30min 取下，置于干燥器中冷却至室温，称重。再灼烧、称重，直至恒重。计算试样中 SiO_2 的含量。平行测定 3 次。

3. Fe_2O_3、Al_2O_3、CaO 和 MgO 含量的测定

(1) 试样溶解

准确称取约 2g 水泥试样于 250mL 烧杯中，加入 8g NH_4Cl，用一端平头的玻璃棒压碎块状物，仔细搅拌 20min。加入 12mL 浓 HCl 溶液，使试样全部润湿，再滴加 4~8 滴浓 HNO_3，搅匀，盖上表面皿，置于已预热的沙浴上加热 20~30min，直至无黑色或灰色的小颗粒为止。取下烧杯，稍冷后加热蒸馏水 40mL，搅拌使盐类溶解。冷却后，连同沉淀一起转移到 500mL 容量瓶中，用水稀释至刻度，摇匀后放置 1~2h，使其澄清。然后用洁净干燥的虹吸管吸取溶液于洁净干燥的 400mL 烧杯中保存，备用。

(2) Fe_2O_3 和 Al_2O_3 含量的测定

准确移取 25mL 试液于 250mL 锥形瓶中，加入 10 滴 10%磺基水杨酸钠指示剂、10mL pH=2 的氯乙酸-醋酸钠缓冲溶液，将溶液加热至 70℃，用 EDTA 标准溶液缓慢地滴定至由酒红色变为无色（终点时溶液温度应在 60℃左右），记下消耗的 EDTA 标准溶液的体积。平行滴定 3 次，计算 Fe_2O_3 含量。

$$w_{Fe_2O_3} = \frac{0.5 \times (cV)_{EDTA} \times M_{Fe_2O_3}}{m_s}$$

式中，m_s 为实际滴定的每份试样的质量。

于滴定铁后的溶液中加入 1 滴 $1g \cdot L^{-1}$ 溴甲酚绿，用氨水（1:1）调至黄绿色，然后加入 15.00mL 过量的 EDTA 标准溶液，加热煮沸 1min，加入 10mL pH=3.5 的氯乙酸-醋酸钠缓冲溶液、4 滴 PAN 指示剂，用铜标准溶液滴至茶红色即为终点。记下消耗的铜标准溶液的体积。平行滴定 3 份，计算 Al_2O_3 含量。

$$w_{Al_2O_3} = \frac{0.5 \times [(cV)_{EDTA} - (cV)_{CuSO_4}] \times M_{Al_2O_3}}{m_s}$$

(3) CaO、MgO 含量的测定

由于 Fe^{3+}、Al^{3+} 干扰 Ca^{2+}、Mg^{2+} 的测定，须将它们预先分离。为此，取试液 100mL 于 200mL 烧杯中，滴入氨水（1:1）至红棕色沉淀生成时，再滴入 $2mol \cdot L^{-1}$ HCl 溶液使沉淀刚好溶解。然后加入 25mL $500g \cdot L^{-1}$ 尿素溶液，加热约 20min，不断搅拌，使 Fe^{3+} 和 Al^{3+} 完全沉淀，趁热过滤，滤液用 250mL 烧杯承接，用 1% 热 NH_4NO_3 溶液洗涤沉淀

至无 Cl^- 为止（用 $AgNO_3$ 检验）。滤液冷却后转移至 250mL 容量瓶中，稀释至刻度，摇匀。滤液用于测定 Ca^{2+}、Mg^{2+}。

用移液管移取 25.00mL 滤液于 250mL 锥形瓶，加入 2 滴 GBHA 指示剂，滴加 200g·L^{-1} NaOH 使溶液变为微红色后，加入 10mL pH 为 12.6 的硼砂缓冲液和 20mL 水，用 EDTA 标准溶液滴至由红色变为亮黄色即为终点，记下消耗的 EDTA 标准溶液的体积。平行测定 3 次，计算 CaO 的含量。

在测定 CaO 后的溶液中，滴加 2mol·L^{-1} HCl 溶液至溶液黄色褪去，加入 15mL pH=10 的氨水-NH_4Cl 缓冲溶液、2 滴铬黑 T 指示剂，用 EDTA 标准溶液滴至由红色变为纯蓝色即为终点。记下消耗的 EDTA 标准溶液的体积。平行测定 3 次，计算 MgO 的含量。

思考题

1. Ca^{2+} 和 Mg^{2+} 共存时，能否用 EDTA 标准溶液通过控制酸度法滴定 Fe^{3+}？滴定 Fe^{3+} 的介质酸度范围为多大？
2. 为什么 EDTA 滴定 Al^{3+} 时采用返滴定法？
3. EDTA 滴定 Ca^{2+} 和 Mg^{2+} 时，怎样消除 Fe^{3+} 和 Al^{3+} 的干扰？
4. EDTA 滴定 Ca^{2+} 和 Mg^{2+} 时，怎样用 GBHA 指示剂的性质调节溶液 pH？

参考文献

武汉大学. 分析化学实验（上册）[M]. 5 版. 北京：高等教育出版社，2011.

实验 36

离子液体键合硅胶的制备及其对重金属离子的吸附性能研究

实验目的

1. 掌握离子液体键合硅胶的制备与表征方法。
2. 掌握重金属静态吸附的测试方法。
3. 掌握原子吸收光谱仪的操作，了解元素分析仪的操作方法。

实验原理

重金属铬是一种重要的工业原料，它在冶金、电镀、制革、机械制造、涂料及化工和制药等行业有着广泛的应用。它们所产生的"三废"对水环境和土壤安全构成严重的威胁,其中六价铬[Cr(Ⅵ)]是一种持久性毒害污染物。目前,对含铬废水的处理方法主要包括吸附法、沉淀法、还原法和离子交换法等,其中吸附法因具有工艺简单、无二次污染等优点而被广泛应用于水体污染的治理。吸附材料主要有活性炭、分子筛、硅胶、生物吸附剂和改性吸附材料,吸附材料改性的目的是提高材料的吸附性能和吸附容量。

离子液体是一种新型绿色介质,它具有不挥发、不可燃、导电性强等性质,对许多无机盐和有机物有良好的溶解性。它的溶解性和吸附性被用于分离、萃取和催化等研究领域。本实验为了提高硅胶的吸附性能和吸附容量,克服离子液体在吸附分离过程中容易损失的缺点,将两种离子液体分别键合到硅胶的表面,考察两种离子液体键合硅胶对Cr(Ⅵ)的静态吸附性能。图2-2为两种离子液体键合硅胶的合成步骤。

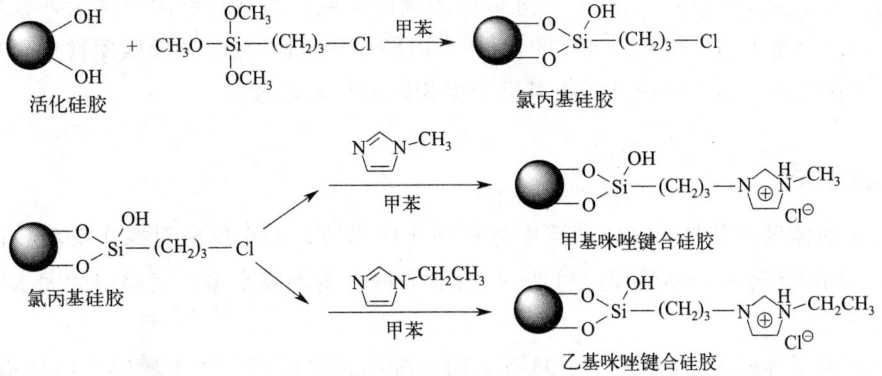

图2-2 甲基咪唑键合硅胶和乙基咪唑键合硅胶的合成路线

本实验采用傅里叶变换红外光谱、元素分析等方法对离子液体键合硅胶进行表征,用原子吸收光谱考察吸附材料对重金属离子的吸附性能。

仪器及试剂

仪器:分析天平,傅里叶变换红外光谱仪,元素分析仪,原子吸收光谱仪等。

试剂:硅胶(200~300目),1-甲基咪唑(AR),1-乙基咪唑(AR),3-氯丙基三甲氧基硅烷(AR),甲苯(AR,使用前重蒸),甲醇(AR),盐酸(AR),重铬酸钾(AR)。

实验步骤

1. 离子液体键合硅胶的制备

称取50.0g硅胶于锥形瓶中,加入250mL 5mol·L^{-1}的盐酸慢速搅拌,24h后用蒸馏水洗涤至中性,于120℃下干燥得活化硅胶。

向50mL无水甲苯中投入称取好的5.0g活化硅胶,在不断搅拌中加入5.0mL 3-氯丙基三甲氧基硅烷后回流反应24h,反应结束后经过滤、甲醇洗涤、真空干燥得到氯丙基硅胶。

称取5.0g氯丙基硅胶于圆底烧瓶中,加入50mL无水甲苯和5.0mL 1-甲基咪唑,磁力搅拌回流反应24h,产物过滤后依次用甲醇、水和甲醇洗去溶剂和未反应完的离子液体,干燥得甲基咪唑键合硅胶(SilprMminCl)。按同样的方法用1-乙基咪唑制备乙基咪唑键合硅胶（SilprEmimCl）。

2. 离子液体键合硅胶的表征

(1) 傅里叶变换红外光谱（FTIR）测试

采用 KBr 压片法制备样品，测定波数范围为 $4000\sim400\text{cm}^{-1}$。

(2) 元素分析

用分析天平准确称取 3mg 左右样品，采用元素分析仪对氯丙基硅胶、甲基咪唑键合硅胶和乙基咪唑键合硅胶中的 C、H、N 进行分析。测试前样品需要干燥。

3. 离子液体键合硅胶对重铬酸钾的静态吸附测试

分别称取 0.1g 甲基咪唑键合硅胶和乙基咪唑键合硅胶置于 25mL pH 为 5.6 的 Cr(Ⅵ) 溶液（初始浓度为 $200\mu\text{g}\cdot\text{mL}^{-1}$）中进行静态吸附实验，当达到吸附平衡后，采用火焰原子吸收光谱仪测量上清液中 Cr(Ⅵ) 的含量，并计算吸附量。为了比较吸附性能，在相同条件下用未活化硅胶、活化硅胶和氯丙基硅胶做相同的吸附测试。

注意事项

1. 离子液体键合硅胶的制备实验中加料动作应迅速；无水反应对操作要求较高，冷凝管上端需要加塞干燥管，回流反应可通 N_2 保护，降低溶剂吸水率；实验中的无水甲苯溶剂宜新制现用。

2. 使用元素分析仪分析 C、N、H 元素时，样品称量应在较为干燥的室内环境下进行，建议提前开除湿设备。百万分之一天平属于精密仪器，使用前熟悉量程及操作方法。

3. 火焰原子吸收光谱仪用到易燃气体，使用前严格检漏，实验后按操作程序关机、关气源。

结果与讨论

1. 离子液体键合硅胶的红外谱图分析

比较活化硅胶、氯丙基硅胶、SilprMmimCl 和 SilprEmimCl 的红外谱图在 950cm^{-1} 附近硅醇基（—Si—OH）的吸收峰强弱的变化，该吸收峰反映了硅醇基与3-氯丙基三甲氧基硅烷的反应。咪唑类离子液体键合硅胶在 $1600\sim1500\text{cm}^{-1}$ 间有较明显的 C—N 键伸缩振动，而活化硅胶、氯丙基硅胶在该区域没有明显的振动峰，说明咪唑类物质成功键合到硅胶表面。

2. C、N、H 元素分析

通过元素分析数据比较三种硅胶的 C、H 和 N 的含量变化，判断咪唑离子液体是否键合到硅胶表面上。根据含碳量计算出氯丙基硅胶的键合量（$\mu\text{mol}\cdot\text{m}^{-2}$）；根据氮含量分别计算出甲基咪唑键合硅胶和乙基咪唑键合硅胶的键合量（$\mu\text{mol}\cdot\text{m}^{-2}$）。

3. 静态吸附实验

通过静态吸附实验计算未活化硅胶、活化硅胶、氯丙基硅烷、SilprMmimCl 和 SilprEmimCl 对 Cr(Ⅵ) 的吸附量（$\text{mg}\cdot\text{g}^{-1}$），比较它们的吸附效果。

思考题

1. 在离子液体键合硅胶的合成过程中，为什么需要使用无水甲苯作为溶剂？
2. 在静态吸附实验中，如何通过原子吸收光谱仪测量上清液中 Cr(Ⅵ) 的含量来计算吸附量？
3. 如果实验中使用的硅胶粒径不同，是否会影响吸附结果？

 参考文献

［1］王旭生，邱洪灯，刘霞，等．咪唑离子液体键合硅胶固定相纯水洗脱分离碱基、酚类和药物化合物［J］．色谱，2011，29（3）：269-272．
［2］刘涛，韩玲利．计算软件在结构化学及其实验教学中的应用［J］．实验技术与管理，2014，31（6）：124-126．
［3］张越非，陈伟．离子液体键合硅胶制备及对重金属离子吸附综合实验设计［J］．实验技术与管理，2019，36（9）：65-68．

实验 37

酶促反应动力学综合实验

 实验目的

1. 了解酶促动力学研究的范围。
2. 掌握米氏方程、米氏常数 K_m 值的物理意义以及双倒数法求 K_m 值的方法。
3. 掌握酶的动力学实验方法，培养自主设计实验的能力。

 实验原理

酶的催化作用是在一定条件下进行的，它受到多种因素的影响，如底物浓度、酶浓度、溶液的 pH 值和离子浓度、温度、抑制剂和激活剂等都能影响催化反应的速度。

当反应体系的 pH、温度和酶浓度恒定时，反应的初始速率随着底物浓度的增加而增大，最后达到一个极值，称为最大反应速率。根据反应速率和底物浓度的这种关系，可推导出如下方程：

$$v = \frac{v_{max} \times [S]}{K_m + [S]} \tag{1}$$

式中，v 表示酶促反应速率；$v_{\max}$ 表示酶促反应最大速率，是酶被底物饱和时的反应速率；[S] 表示底物浓度；K_m 表示米氏常数。

该方程被称为 Michaelis-Menten 方程（米氏方程）。当底物浓度非常大时，反应速率接近于一个恒定值。在此条件下，酶几乎完全被底物饱和，反应相对于底物 S 是个零级反应，即再增加底物对反应速率没有太大影响。反应速率逐渐趋近的恒定值称为最大反应速率 $v_{\max}$。由米氏方程可见，K_m 值的物理意义为反应速率 v 达到 $1/2\ v_{\max}$ 时的底物浓度（即 $K_m=[S]$），单位一般为 $mol\cdot L^{-1}$，这可通过用 [S] 取代米氏方程中的 K_m 证明，通过计算可得此时 $v=v_{\max}/2$。K_m 值只由酶的性质决定，而与酶的浓度无关，因此可用 K_m 的值鉴别不同的酶。K_m 值的测定主要采用图解法，下面主要介绍较常见的两种作图方法。

① 双曲线作图法。见图 2-3(a)。根据式(1)，以 v 对 [S] 作图，此时 $1/2\ v_{\max}$ 时的底物浓度 [S] 值即为 K_m 值，单位为 $mol\cdot L^{-1}$。这种方法实际上很少采用，因为在实验条件下的底物浓度很难使酶达到饱和。实测 $v_{\max}$ 是一个近似值，因而测得的 K_m 值不精确。此外由于 v 对 [S] 的关系呈双曲线，实验数据要求较多，且不易绘制。

② Lineweaver-Burk 作图法——双倒数作图法。见图 2-3(b)，其方法如下：

将米氏方程[式(1)]作数学变换，使之成为直线形式，从而使测定更方便、精确。例如取式(1) 的倒数，变换为 Lineweaver-Burk 方程式：

$$\frac{1}{v}=\frac{K_m}{v_{\max}}\times\frac{1}{[S]}+\frac{1}{v_{\max}} \tag{2}$$

以 $\frac{1}{v}$ 对 $\frac{1}{[S]}$ 作图，即为 $y=ax+b$ 形式。此时斜率为 $\frac{K_m}{v_{\max}}$，纵截距为 $\frac{1}{v_{\max}}$。把直线外推与横轴相交，其截距即为 $-\frac{1}{K_m}$。

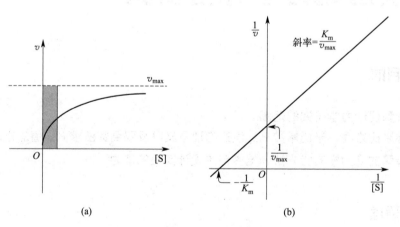

图 2-3　酶促反应动力学曲线

本实验主要以双倒数法，即 Lineweaver-Burk 作图法来测定蔗糖酶的 K_m 值，具体原理如下：以蔗糖为底物，利用一定浓度蔗糖酶水解不同浓度的蔗糖所形成的产物（葡萄糖和果糖）的量来计算蔗糖酶的 K_m 值。蔗糖的水解产物均是还原糖，能与 3,5-二硝基水杨酸试剂在碱性条件下反应，生成橘红色化合物，此时通过测定产物在 520nm 处的吸光度值，就可得到蔗糖水解产物的量。

其他因素如 pH、温度和抑制剂对酶促反应的影响也是根据这一原理，在其他因素恒定的条件下，通过对某因素在一系列变化条件下的酶活性测定，求得该因素对酶活性的影响。

 仪器及试剂

仪器：恒温水浴锅，分光光度计（721型），试管，吸量管，微量移液器，烧杯，离心机，混匀仪，冰箱等。

试剂：

① 3,5-二硝基水杨酸试剂（DNS试剂）

溶液Ⅰ：溶解6.9g结晶苯酚于15.2mL 10% NaOH溶液中，并用水稀释到69mL，然后向溶液中加入6.9g $NaHSO_3$。

溶液Ⅱ：称取255g酒石酸钾钠溶解于300mL 10% NaOH溶液中再加入880mL 1% 3,5-二硝基水杨酸溶液。

将溶液Ⅰ和溶液Ⅱ混合后得到黄色溶液，储存于棕色瓶中备用。室温放置7天后使用。

② 碘-碘化钾溶液

称取5g碘、10g碘化钾溶解于100mL蒸馏水中，备用。

③ 其他试剂

葡萄糖标准溶液（$1mg \cdot mL^{-1}$），醋酸缓冲溶液（pH=4.5，$0.1mol \cdot L^{-1}$），蔗糖溶液（pH=4.5，10%），淀粉溶液（1%），NaCl溶液（1%），Na_2SO_4溶液（1%），$CuSO_4$溶液（1%）等。

 实验步骤

1. 蔗糖酶的制备

取1g干酵母粉，加入1g石英砂，在预冷的研钵中研磨至细粉状，加入10mL蒸馏水，混合均匀，继续研磨5min后得到匀浆液。将匀浆液放入冰箱，-20℃冷冻10min，取出后继续研磨5min后，以$3000r \cdot min^{-1}$离心10min，得上清液即为酵母蔗糖酶溶液。将此酶液与水按1：(6~8)稀释备用。

2. 标准曲线的绘制

取干净试管6支，如表2-3所示添加试剂。

表2-3 米氏常数标准曲线试剂用量表

项目	1	2	3	4	5	6
葡萄糖标准溶液用量/mL	0	0.1	0.2	0.3	0.4	0.5
蒸馏水用量/mL	1.0	0.9	0.8	0.7	0.5	0.5
3,5-二硝基水杨酸溶液用量/mL	1.5	1.5	1.5	1.5	1.5	1.5

加毕混匀，于沸水浴中准确煮5min，取出后用自来水冷却3min，加入蒸馏水10mL，测定520nm处的吸光度值，以葡萄糖含量（mg）为横坐标、吸光度值为纵坐标，绘制标准曲线。

3. 蔗糖酶K_m值的测定——底物浓度对酶促反应速度的影响

① 测定管的反应。取7支试管，按表2-4加入试剂。

表 2-4　米氏常数测定实验试剂用量表

项目	1	2	3	4	5	6	7
10% pH=4.5 蔗糖溶液用量/mL	0.5	1.0	1.5	2.0	2.5	3.75	5.0
pH=4.5 醋酸缓冲溶液用量/mL	4.5	4.0	3.5	3.0	2.5	1.25	0
酵母蔗糖酶溶液用量/mL	1.0	1.0	1.0	1.0	1.0	1.0	1.0

表中试剂加完后,在30℃恒温水浴中准确反应5min,然后在各管中均加入5.0mL 0.1mol·L^{-1} NaOH溶液继续反应。

测定管反应完成后,再取8支洁净试管,前7支分别加入相应的上述反应液各0.1mL及蒸馏水1.0mL,第8支试管加入2mL蒸馏水作空白,然后各管均加入3mL 3,5-二硝基水杨酸溶液沸水浴5min,取出用自来水冷却3min,加水10mL,摇匀后用分光光度计测定520nm处的吸光度值。

② 对照管的反应。对照组实验试剂用量见表2-5。

表 2-5　米氏常数对照试剂用量表

项目	1	2	3	4	5	6	7
10% pH=4.5 蔗糖溶液/mL	0.5	1.0	1.5	2.0	2.5	3.75	5.0
pH=4.5 醋酸缓冲溶液/mL	4.5	4.0	3.5	3.0	2.5	1.25	0
0.1mol·L^{-1} NaOH 溶液/mL	5.0	5.0	5.0	5.0	5.0	5.0	5.0
酵母蔗糖酶溶液/mL	1.0	1.0	1.0	1.0	1.0	1.0	1.0

表中试剂加完后,在30℃恒温水浴中准确反应5min,对照管的其他测定步骤与测定管操作相同。

4. pH值对酶促反应的影响

(1) 唾液淀粉酶的收集

取干净的水杯,盛上蒸馏水,用蒸馏水漱口。漱口后,口含约20mL蒸馏水,停留1~2min后,吐入干净烧杯中,用漏斗加脱脂棉过滤收集,滤液稀释20倍备用。

(2) 缓冲液的配制

准备5只锥形瓶,并加入表2-6所示试剂。

表 2-6　缓冲液的配制

锥形瓶编号	0.2mol·L^{-1} 磷酸氢二钠/mL	0.1mol·L^{-1} 柠檬酸钠/mL	pH 值
1	5.15	4.85	5.0
2	6.61	3.39	6.2
3	7.72	2.28	6.8
4	9.08	0.92	7.4
5	9.72	0.28	8.0

每瓶溶液总量为10mL。

(3) 底物的准备

准备6支干燥试管并编号,向每支试管中依次加入不同pH的缓冲液3mL(6号试管与3号相同),然后加入0.5%淀粉溶液2mL,混匀。

(4) 酶促反应时间的测定

向6号试管中加入稀释20倍的唾液2mL,摇匀后放入37℃恒温水浴中保温。每间隔1min取1滴混合液滴于白瓷板上,然后加入1滴碘-碘化钾溶液,直至显橙黄色时终止实验，并记录时间 t_1。

(5) 最适 pH 的测定

以 1min 的时间间隔，依次向 1～5 号试管中加入稀释 100 倍的唾液 2mL，摇匀后将 5 支试管放入 37℃恒温水浴中保温，反应时长为 t_1。反应完成后依次向每管中加入 2 滴碘-碘化钾溶液，充分混匀后测定 660nm 处的吸光度。以 pH 值为横坐标、A_{660} 为纵坐标作图。

5. 温度对酶促反应的影响（设计实验）

根据实验原理，以及 pH 对酶促反应的影响，设计测定在最适 pH 下温度对酶促反应的影响。相关试剂的用量如表 2-7 所示。

表 2-7　温度对酶促反应的影响

项目	1	2	3
1%淀粉溶液/mL	2.0	2.0	2.0
pH=6.8 的磷酸缓冲溶液/mL	3.0	3.0	3.0
稀释 100 倍的唾液溶液/mL	2.0	2.0	2.0
温度/℃	0(冰浴)	37	100(沸水浴)

按上述条件反应 10min 后，分别从试管中取出 1 滴溶液滴于白瓷板上，然后加入 1 滴碘-碘化钾溶液，观察呈色现象，记录结果并解释其原因。

6. 抑制剂和激活剂对酶促反应的影响（设计实验）

根据实验原理，以及底物浓度和 pH 对酶促反应的影响，设计抑制剂和激活剂对酶促反应的影响。相关试剂用量如表 2-8 所示。

表 2-8　抑制剂和激活剂对酶促反应的影响

项目	1	2	3
1%淀粉溶液/mL	2.0	2.0	2.0
pH=6.8 的磷酸缓冲溶液/mL	3.0	3.0	3.0
1%$CuSO_4$ 溶液/mL	1.0	0	0
1%Na_2SO_4 溶液/mL	0	1.0	0
1%NaCl 溶液/mL	0	0	1.0
稀释 100 倍的唾液溶液/mL	2.0	2.0	2.0

按上述条件反应 10min 后，分别从试管中取出 1 滴溶液滴于白瓷板上，然后加入 1 滴碘-碘化钾溶液，观察呈色现象，记录结果并解释其原因。

注意：含有唾液淀粉酶的溶液要最后加入（请思考其原因）。

结果与讨论

根据各测定管的吸光度值（减去相应对照管的吸光度值），从标准曲线上查出相应还原糖的质量（必须在 0.4～1.6mg 范围内，否则应调整反应液用量后重新测定），乘以 11，即得各管的产量，然后分别计算各反应管对应的 [S]、1/[S]、v 及 $1/v$，并作出 v-[S]、$1/v$-$1/[S]$曲线，最后根据所画的两种动力学曲线，分别求出酵母蔗糖酶的 K_m 值。

思考题

1. K_m 值的物理意义是什么？为什么要用酶促反应的初始速率计算 K_m 值？

2. 酶的最适温度和最适 pH 是什么？其意义何在？
3. 进行酶的实验必须控制哪些条件？为什么？

参考文献

［1］ 吴梅芬，王晓岗，刘亚菲，等. 适用于本科教学的新酶促反应动力学实验研究［J］. 实验技术与管理，2015, 32 (11)：170-173.
［2］ 张瑞英，武金霞，王建平."温度、pH 对酶促反应速度的影响"实验的改进［J］. 实验室科学，2008 (3)：66-67.

实验 38

水果及其制品中酸度、还原糖及抗坏血酸含量的测定

实验目的

1. 熟悉实际样品前处理的方法。
2. 掌握测定酸度、还原糖含量及抗坏血酸含量的方法。
3. 掌握不同分析方法下实际样品取样分析量的计算，巩固滴定分析的相关实验技能。
4. 理解还原糖滴定度的由来和计算方法。
5. 培养将不同实际样品处理至可分析状态并设计相应实验方案的能力。

实验原理

1. 酸度的测定

采用电位滴定法测定酸度，根据样品溶液 pH 值的突跃确定酸碱反应终点，计算水果及水果制品的酸度。

2. 还原糖含量的测定

① 加热条件下，采用直接滴定法测定还原糖的含量。
② 以 3,5-二硝基水杨酸为显色剂，采用光度法测定还原糖的含量。

3. 抗坏血酸的测定

抗坏血酸具有较强的还原性，它能与染料 2,6-二氯酚靛酚发生氧化还原反应。在酸性

溶液中，2,6-二氯酚靛酚呈红色，还原后变为无色。用蓝色的碱性染料 2,6-二氯靛酚标准溶液对含 L(+)-抗坏血酸的试样酸性溶液浸出液进行氧化还原滴定，2,6-二氯靛酚被还原为无色，当到达滴定终点时，多余的 2,6-二氯靛酚在酸性介质中显浅红色，由 2,6-二氯靛酚的消耗量计算样品中 L(+)-抗坏血酸的含量。

紫外-可见分光光度法是一种常用的分析技术，可以用来测定抗坏血酸的含量，其原理主要基于抗坏血酸对紫外光的特定吸收。根据朗伯-比尔定律，抗坏血酸的吸光度与其溶液浓度成正比。将抗坏血酸标准溶液在 200~400nm 波长范围内进行波长扫描，绘制吸收光谱曲线，并找出最大吸收波长 λ_{max}。配制一系列浓度标准溶液并测定其在最大波长处的吸光度，作标准曲线。试样中的抗坏血酸用偏磷酸溶解超声提取，偏磷酸在 200~400nm 波长范围无吸收。根据标准曲线可以计算样品中抗坏血酸的浓度。

仪器及试剂

仪器：破壁机，离心机，紫外-可见分光光度计，电子分析天平，水浴锅，移液管，量筒，容量瓶，胶头滴管，玻璃漏斗，碱式滴定管，锥形瓶，试管等。

试剂：KHP 基准试剂，氢氧化钠，酚酞指示剂，葡萄糖，硫酸铜，亚甲基蓝，酒石酸钾钠，亚铁氰化钾，盐酸，乙酸，乙酸锌，葡萄糖，3,5-二硝基水杨酸，苯酚，亚硫酸钠，抗坏血酸，偏磷酸，碳酸氢钠，2,6-二氯靛酚，丁醇或辛醇，氯仿，盐酸（1∶1）。以上试剂均为分析纯。

部分试剂的配制：

1%酚酞乙醇溶液：称取 1g 酚酞，用 95%乙醇溶解并定容到 100mL。

0.1mol·L^{-1} NaOH 标准溶液：称取 4g NaOH，加水约 100mL，溶解后移入 1000mL 容量瓶中，用蒸馏水定容到刻度，贮存于橡胶塞试剂瓶中。

0.01mol·L^{-1} NaOH 标准溶液：用 0.1mol·L^{-1} NaOH 标准溶液稀释配制。

0.01mol·L^{-1} NaOH 标准溶液的标定：将邻苯二甲酸氢钾（204.2g·mol^{-1}）于 120℃ 烘 1h 至恒重，准确称取 0.04~0.06g 于 250mL 锥形瓶中，加入 50mL 蒸馏水，溶解后滴 3 滴酚酞指示剂，用以上配好的氢氧化钠溶液滴定至微红色且半分钟不褪色为终点。计算氢氧化钠标准溶液的物质的量浓度。

甲基红乙醇指示剂溶液（1g·L^{-1}）：取 1g 甲基红溶于 100mL 95%乙醇溶液。

30%氢氧化钠：取 30g 氢氧化钠溶于 100mL 水中。

葡萄糖标准溶液（1mg·mL^{-1}）：准确称取在 98~100℃ 烘箱中烘干 2h 后的葡萄糖 1g，加水溶解后加入盐酸溶液 5mL，并用水定容至 1000mL。

乙酸锌溶液：称取 54.8g 二水合乙酸锌，加入 3mL 冰醋酸，加水溶解后转移至 250mL 容量瓶中，定容至刻度。

亚铁氰化钾溶液（106g·L^{-1}）：称取 26.5g 三水合亚铁氰化钾溶于 150mL 水中，溶解后转移至 250mL 容量瓶中，定容至刻度。

碱性酒石酸铜甲液：称取 15g 硫酸铜（$CuSO_4·5H_2O$）及 0.05g 亚甲基蓝，溶于蒸馏水后转移至 1000mL 容量瓶中，加水定容至刻度，储存于棕色玻璃塞试剂瓶中。

碱性酒石酸铜乙液：称取 50g 酒石酸钾钠、75g 氢氧化钠溶于蒸馏水中，加入 4g 亚铁氰化钾，完全溶解后转移至 1000mL 容量瓶中定容至刻度，储存于橡胶塞试剂瓶中。

3,5-二硝基水杨酸试剂：称取 6.3g 3,5-二硝基水杨酸，溶解于 262mL 2mol·L^{-1} 氢氧化钠溶液中，之后将其加入 500mL 含有 185g 酒石酸钾钠的热水溶液中，再加入 5g 苯酚和 5g 亚硫酸钠，搅拌溶解，冷却后转移至 1000mL 容量瓶中，加水定容至刻度线，储存在棕色橡胶塞试剂瓶中。

抗坏血酸标准溶液：称取抗坏血酸 20mg，用适量 1%草酸溶液溶解后，移入 100mL 棕色容量瓶中，并以 1%草酸溶液定容，振摇混匀，备用。该贮备液在 2~8℃ 避光条件下可保存一周。

2,6-二氯靛酚（2,6-二氯靛酚钠盐）溶液（0.02%）：称取碳酸氢钠 52mg 溶解在 200mL 热蒸馏水中，然后称取 2,6-二氯靛酚 50mg 溶解在碳酸氢钠溶液中；冷却并用水定容至 250mL，过滤至棕色瓶内，于 4~8℃ 环境中保存。每次使用前，用抗坏血酸标准溶液标定其滴定度。

2%草酸：称取 20g 草酸溶于 1000mL 水中。

1%草酸：称取 10g 草酸溶于 1000mL 水中。

2%偏磷酸：称取 20g 偏磷酸溶于 1000mL 水中。

实验步骤

1. 总酸的测定

（1）柑橘样品

取新鲜柑橘 1~2 个，去皮、去柄、去核，称重后置于破壁机中打碎，取出后稀释定容至 250mL。离心过滤，滤液备用（或取上层清液备用），记为柑橘 0 号滤液。准确移取 10~25mL 滤液，加蒸馏水稀释在 250mL 容量瓶中并定容，再转入烧杯中，在 75~80℃ 水浴中加热约 30min，放冷备用。准确移取此稀释处理液 10~20mL（根据总酸含量确定）于 250mL 锥形瓶中，用 0.01mol·L^{-1} 氢氧化钠标准溶液（用时请标定）滴定，记下氢氧化钠用量，平行测定 2 次，取平均值。

（2）果粉样品

称取粉状样品 2.5g，用蒸馏水稀释至 250mL，摇匀。取此稀释果汁 25~50mL（根据包装上总酸含量定）于 250mL 锥形瓶中，用 0.01mol·L^{-1} 氢氧化钠标准溶液滴定，记下氢氧化钠用量，平行测定 2 次，取平均值。

根据滴定结果计算出试样中总酸的含量，用下式进行计算：

$$X = \frac{V}{m} \times \frac{c \times V_2 \times k}{V_1} \times 1000$$

式中，X 为试样中总酸的含量，g·kg^{-1} 或 g·L^{-1}；V 为样品稀释总体积，mL；V_1 为样品滴定时取样液的体积，mL；V_2 为样品滴定耗用氢氧化钠标准溶液的体积，mL；c 为 NaOH 标准溶液的浓度，mol·L^{-1}；m 为样品的质量或体积，g 或 mL；k 为酸的换算系数〔即中和 1mmol NaOH 相当于酸的质量（g）〕，如苹果酸为 0.067g·mmol^{-1}（苹果、梨、桃、杏、李子、番茄、莴苣）、柠檬酸为 0.064g·mmol^{-1}（柑橘类）、酒石酸为 0.075g·mmol^{-1}（葡萄）。

2. 还原糖的测定

（1）直接滴定法

费林试剂的标定：吸取碱性酒石酸铜甲、乙液各 5mL 于 150mL 锥形瓶中，加水

10mL，加热至沸，在沸腾状态下以每 2s 1 滴的速度滴加葡萄糖标准溶液（迅速滴加 9mL 左右葡萄糖标准溶液再放慢滴加速度，2min 内完成滴定），滴定至蓝色刚好褪去为终点，记录消耗葡萄糖标准溶液的总体积，平行测定 2 次，取其平均值，计算每 10mL（甲、乙液各 5mL）碱性酒石酸铜溶液相当于葡萄糖的质量（mg）。

$$A = \frac{W \times V}{1000\text{mL}}$$

式中，A 为 10mL 碱性酒石酸铜甲、乙液相当于葡萄糖的质量，g；W 为称取葡萄糖质量，g；V 为滴定时所消耗葡萄糖的体积，mL；1000 为葡萄糖标准溶液定容体积，mL。

① 样品处理

a. 柑橘样品：移取柑橘 0 号滤液 10～20mL（以水果样品配制浓度而定），加入盐酸（1∶1）5mL 摇匀，将烧杯置于 68～70℃恒温水中转化，转化 10min，取出置流动水中迅速冷却至室温，加 1%甲基红指示剂 2 滴，用 30%氢氧化钠中和至中性，若溶液澄清度不够，加入亚铁氰化钾溶液和乙酸锌溶液各 3mL，摇匀，定容至 250mL，放置片刻，过滤，滤液备用，记为柑橘 1 号滤液。

b. 果粉样品：移取酸度测定时的果汁溶液 25mL（根据含糖量而定，要求滴定消耗样品溶液体积约 10mL）于烧杯中，加水 100mL，加入盐酸 5mL 摇匀，将烧杯置于温度为 68～70℃恒温水中转化，转化 10min，取出置流动水中迅速冷却至室温，加 1%甲基红指示剂 2 滴，用 30%氢氧化钠中和至中性，若溶液澄清度不够，加入亚铁氰化钾溶液和乙酸锌溶液各 3mL，摇匀，定容至 250mL，放置片刻，过滤，滤液备用，记为果粉 1 号滤液。

② 样品溶液滴定。吸取碱性酒石酸铜甲、乙液各 5mL 于 150mL 锥形瓶中，加水 10mL，在电炉上加热至沸，从滴定管以先快后慢的速度迅速滴加样品溶液，2min 内完成滴定至终点，记下所耗糖液的体积，平行实验 2 次。

$$Y = \frac{A \times 250\text{mL}}{m \times V} \times 100$$

式中，Y 为样品中总糖（以葡萄糖计）的含量，$\text{g} \cdot 100\text{g}^{-1}$；$A$ 为 10mL 碱性酒石酸铜混合液相当于转化糖的质量，g；m 为样品的质量，g；V 为滴定时耗用糖液体积，mL；250 为定容体积，mL。

注意：在实验过程中，进行滴定时不能随意摇动锥形瓶，且要在煮沸情况下进行滴定，目的是防止空气中的氧气将还原性糖氧化以致影响实验结果；实验过程中滴定时，如果不注意颜色在瞬间的变化，就会滴定过量，造成严重的实验误差，使实验结果偏大。

(2) 3,5-二硝基水杨酸法

① 标准曲线的绘制。用移液管分别准确吸取 0.0mL、0.4mL、0.6mL、0.8mL、1.0mL、1.2mL 葡萄糖标准溶液于 6 支 10mL 试管中（若后续吸光度测定时最浓溶液吸光度值大于 1，则调整葡萄糖标准溶液的取样量），加蒸馏水 2.0mL，加入 5.00mL 3,5-二硝基水杨酸试剂，置沸水浴中加热 5min。取出，立即置冷水中，冷却至室温，摇匀定容于 25mL 容量瓶中。用分光光度计寻找最大吸收波长并测定最大吸收波长处（540nm 附近）的吸光度值。以葡萄糖浓度（$\text{mg} \cdot \text{mL}^{-1}$）为纵坐标、吸光度值为横坐标，绘制标准曲线。

② 样品还原糖的测定。用移液管吸取 1 号滤液 0.2～1mL（根据样品糖含量情况确定实

际取样量,柑橘1号滤液0.2mL,果粉1号滤液1mL)于10mL试管中,加入5.00mL 3,5-二硝基水杨酸试剂,置沸水浴中加热5min。取出,立即置冷水中,冷却至室温,用水定容于25mL容量瓶中。λ_{max}处测定样液的吸光度值,从标准曲线求得测定液中还原糖的浓度,并计算出柑橘样品和果粉样品的还原糖浓度。

3. 抗坏血酸的测定

(1) 2,6-二氯靛酚法

① 抗坏血酸标准溶液的配制与标定。用1%草酸溶液配制抗坏血酸标准溶液。准确吸取2mL抗坏血酸标准溶液于锥形瓶中,加入1%草酸溶液8mL,摇匀,用配制的2,6-二氯酚靛酚染料溶液(0.02%)滴定至微弱红色,15s不褪色即为终点。注意,由于市售2,6-二氯酚靛酚质量不一,以标定0.4mg抗坏血酸消耗2mL左右的染料为宜,可根据标定结果调整染料溶液浓度。同时取10mL 1%草酸溶液做空白试验,滴定度计算如下:

$$T = \frac{c \times V_1}{V_2 - V_0}$$

式中,T 为2,6-二氯靛酚溶液的滴定度,即每毫升2,6-二氯靛酚溶液相当于抗坏血酸的质量,$mg \cdot mL^{-1}$;c 为抗坏血酸标准溶液的质量浓度,$mg \cdot mL^{-1}$;V_1 为吸取抗坏血酸标准溶液的体积,mL;V_2 为滴定抗坏血酸标准溶液所消耗2,6-二氯靛酚溶液的体积,mL;V_0 为滴定空白所消耗的2,6-二氯靛酚溶液的体积,mL。

② 样品处理

a. 柑橘样品:取新鲜柑橘,去皮、去柄、去核,取约100g(准确记录称量数据)置于破壁机中,加入同等量的2%草酸溶液,迅速打碎成匀浆;准确称取20g匀浆样品(精确到0.01g)于100mL烧杯中,用1%草酸溶液将样品转移至100mL容量瓶中,若溶液澄清度不够,加入亚铁氰化钾溶液和乙酸锌溶液各2mL,定容,摇匀,放置片刻,过滤,滤液备用(记为柑橘3号滤液)。

b. 果粉样品:准确称取10g样品于100mL烧杯中,用1%草酸溶液溶解转移至100mL容量瓶,若溶液澄清度不够,加入亚铁氰化钾溶液和乙酸锌溶液各2mL,定容,摇匀,放置片刻,过滤,滤液备用(记为果粉3号滤液)。

用移液管分别吸取3号滤液10mL置于锥形瓶中,用标定过的2,6-二氯靛酚溶液滴定,直至溶液呈微弱粉红色且15s不褪,同时做空白试验。若滴定不易看出颜色变化,可加1mL氯仿,到达终点时,氯仿层呈现淡红色。注意,为使结果正确,滴下的2,6-二氯靛酚溶液应控制在1~4mL之间。

空白滴定:取10mL 1%草酸溶液做空白试验。

计算每100g样品中维生素C的含量(mL),公式如下:

$$Z = \frac{(V - V_0) \times T}{m} \times 100$$

式中,Z 为试样中抗坏血酸含量,$mg \cdot 100g^{-1}$;V 为滴定样品时耗去的染料溶液的体积,mL;V_0 为滴定空白时耗去的染料溶液的体积,mL;T 为2,6-二氯靛酚溶液的滴定度,$mg \cdot mL^{-1}$;m 为试样质量,g。

(2) 紫外-可见分光光度法

① 样品制备

a. 柑橘样品：取新鲜柑橘，去皮、去柄、去核，取100g用破壁机粉碎，加入100mL 2%偏磷酸，迅速捣成匀浆；准确称取20g匀浆样品（精确到0.01g）于100mL烧杯中，用2%偏磷酸溶液将样品转移至100mL容量瓶中，若溶液澄清度不够，则加入亚铁氰化钾溶液和乙酸锌溶液各2mL，摇匀，定容，放置片刻，过滤，滤液备用（记为柑橘4号滤液）。

b. 果粉样品：准确称取10g样品于100mL烧杯中，用2%偏磷酸溶液溶解至100mL容量瓶中，若溶液澄清度不够，则加入亚铁氰化钾溶液和乙酸锌溶液各2mL，摇匀，定容，放置片刻，过滤，滤液备用（记为果粉4号滤液）。

② 测定波长的选择与标准曲线的绘制。吸取0.25mL、0.50mL、1.00mL、1.50mL、2.00mL、2.50mL抗坏血酸标准溶液，置于25mL容量瓶中，用2%偏磷酸定容，摇匀，此标准系列抗坏血酸的浓度分别为$1.00\mu g \cdot mL^{-1}$、$2.00\mu g \cdot mL^{-1}$、$4.00\mu g \cdot mL^{-1}$、$6.00\mu g \cdot mL^{-1}$、$8.00\mu g \cdot mL^{-1}$、$10.0\mu g \cdot mL^{-1}$。以2%偏磷酸为参比，以$6.00\mu g \cdot mL^{-1}$的抗坏血酸标准溶液为测定样品，用1cm石英比色皿在200~400nm波长范围内进行波长扫描，找出最大吸收波长λ_{max}。将测定波长定位于λ_{max}处，用1cm石英比色皿测定此一系列标准抗坏血酸溶液的吸光度。以吸光度值A对抗坏血酸浓度c绘制标准曲线。

③ 样品的测定。准确移取适量澄清透明的4号滤液（柑橘4号滤液5mL，果粉4号滤液1mL），各置于25mL的容量瓶中，用2%偏磷酸溶液稀释至刻度后定容，摇匀。以试剂空白为参比，在λ_{max}处，用1cm石英比色皿测定其吸光度。每个样品重复做2次。

思考题

1. 直接滴定法测定还原糖时保持沸腾状态的目的是什么？
2. 还原糖测定中配制甲液和乙液时，分别加入亚甲基蓝、亚铁氰化钾的目的是什么？
3. 为保证还原糖测定结果的准确性，操作中应注意哪些环节？
4. 葡萄糖标准溶液中加入盐酸有何作用？
5. 2,6-二氯靛酚测定抗坏血酸时，2%草酸和1%草酸的作用分别是什么？
6. 紫外-可见分光度法测定抗坏血酸含量时，溶剂选用偏磷酸而不选草酸的原因是什么？

参考文献

[1] 张水华. 食品分析 [M]. 北京：中国轻工业出版社，2004.
[2] 中华人民共和国国家卫生和计划生育委员会. 食品安全国家标准：食品酸度的测定 非书资料：GB 5009.239—2016 [S]. 北京：中国标准出版社，2016.
[3] 中华人民共和国国家卫生和计划生育委员会. 食品安全国家标准：食品中还原糖的测定 非书资料：GB 5009.7—2016 [S]. 北京：中国标准出版社，2016.
[4] 中华人民共和国国家卫生和计划生育委员会. 食品安全国家标准：食品中抗坏血酸的测定 非书资料：GB 5009.86—2016 [S]. 北京：中国标准出版社，2016.

实验 39
苯甲酸光谱模拟与化学性质的理论分析

 实验目的

1. 应用量子化学计算软件 Gaussian 09W 搜索苯甲酸构象，并优化各种构象的结构。通过玻尔兹曼分布计算不同构象的分布，确定最终构象及比例。
2. 通过频率计算预测苯甲酸的红外光谱，并通过计算激发态能量预测苯甲酸的紫外光谱。
3. 考虑溶剂效应计算红外和紫外光谱，并与实验光谱比较，分析溶剂效应的影响。
4. 通过计算苯甲酸分子结构参数对苯甲酸化学性质进行理论分析。

 实验原理

苯甲酸又称安息香酸，分子式为 C_6H_5COOH，是苯环上的一个氢被羧基（—COOH）取代形成的化合物，常温为具有苯或甲醛的气味的鳞片状或针状结晶。它的蒸气有很强的刺激性，吸入后易引起咳嗽；苯甲酸微溶于水，易溶于乙醇、乙醚等有机溶剂。

苯甲酸是弱酸，比脂肪酸强。它们的化学性质相似，都能形成盐、酯、酰卤、酰胺、酸酐等，都不易被氧化。苯甲酸的苯环上可发生亲电取代反应，主要得到间位取代产物。

苯甲酸以游离酸、酯或其衍生物的形式广泛存在于自然界中。苯甲酸一般常作为药物或防腐剂使用，有抑制真菌、细菌、霉菌生长的作用，药用时通常涂在皮肤上，用以治疗癣类皮肤疾病，也可用于合成纤维、树脂、涂料、橡胶、烟草。最初苯甲酸可由安息香酸干馏或碱水水解制得，也可由马尿酸水解制得。工业上苯甲酸是在钴、锰等催化剂存在下用空气氧化甲苯制得的；或由邻苯二甲酸酐水解脱羧制得。苯甲酸及其钠盐可用作乳胶、牙膏、果酱或其他食品的抑菌剂，也可作染色和印色的媒染剂。

量子化学（quantum chemistry）是理论化学的一个分支学科，是应用量子力学的基本原理和方法研究化学问题的一门基础科学。20 世纪 60 年代以来，随着计算机技术的提升，量子化学在理论计算中逐渐发挥着越来越重要的作用，研究者们提出了许多计算方法，开发了多种计算软件，以期运用理论计算的方式对化学现象和化学过程进行阐释，并对物质的结构、性质等作出预测。

1. 计算方法

目前，量子化学的计算方法主要有半经验方法（semi-empirical method）、从头计算方法（ab initio method）、密度泛函理论（density functional theory，DFT）。

(1) 半经验方法

半经验方法是对 Hartree-Fock 的近似,在二十世纪七八十年代成为量化计算的主流方法,由于该方法做了高度的近似,计算精度和可靠性不足,随着计算机技术的发展,该方法逐渐被计算者所遗忘,不过,在对大体系进行快速初步优化、对大批量分子构型进行快速筛选方面,仍有一定的应用价值。

(2) 从头计算方法

从头计算方法是指不借用经验参数而只利用电子质量、普朗克常数和电子计算求解薛定谔方程的计算方法,该方法的核心问题是求解薛定谔(Schördinger)方程,见式(1)。

$$E\Psi = \hat{H}\Psi \tag{1}$$

式中,Ψ 为体系的波函数;E 为体系的总能量;$\hat{H}$ 为体系的哈密顿量(Hamiltonian),是能量 E 的算符(operator)数学表示,包括核动能、电子动能、核与核之间的排斥能、电子与电子之间的排斥能、核与电子之间的吸引能。该方法的计算精度是最高的,但是需要占用的计算资源庞大,所以只适用于对小分子体系进行高精度的计算。利用原子单位(atomic units,a.u.),可将 $\hat{H}$ 写成如下形式:

$$\hat{H} = \underbrace{-\frac{1}{2}\sum_A \frac{1}{M_A}\nabla_A^2}_{\text{核动能}} \underbrace{-\frac{1}{2}\sum_i \nabla_i^2}_{\text{电子动能}} + \underbrace{\sum_A \sum_{B>A} \frac{Z_A Z_B}{R_{AB}}}_{\text{核排斥能}} + \underbrace{\sum_i \sum_{j>i} \frac{1}{r_{ij}}}_{\text{电子排斥能}} - \underbrace{\sum_i \sum_A \frac{Z_A}{r_{iA}}}_{\text{核与电子吸引能}} \tag{2}$$

式中,M_A 和 Z_A 分别为原子核 A 的质量与核电荷数;R_{AB} 为核 A 与核 B 的间距;r_{ij}、r_{iA} 分别为电子 i 和 j 的间距、电子 i 与核 A 的间距;∇^2 为拉普拉斯算符(Laplacian operator):

$$\nabla^2 \equiv \frac{\partial^2}{\partial x^2} + \frac{\partial^2}{\partial y^2} + \frac{\partial^2}{\partial z^2} \tag{3}$$

正如结构化学中提到的,单电子类氢原子或离子的 Schrödinger 方程才有解析解(analytical solution)。对于绝大多数分子体系而言,Schrödinger 方程至今不能严格求解。即使如此,氢原子严格解的结果仍为解决更复杂的 Schrödinger 方程提供了基础理论支持。正是在氢原子严格解的基础上,为解决复杂的多原子分子体系的 Schrödinger 方程,人们通过各种近似,发展了许多数值计算方法。

① Born-Oppenheimer 近似。简化 Schrödinger 方程最常用的方法是将原子核的运动和电子的运动分开处理。原子核的质量是电子质量的千倍,虽然核和电子的运动是相关的,但是原子核的运动相对于电子而言非常缓慢,通常电子运动的速率比原子核高出至少三个数量级,因此,将电子看成独立于核而运动,从而可以将体系的 Schrödinger 方程一分为二,即在特定的核构型(geometry)下,所有电子的运动方程为:

$$\left[-\frac{1}{2}\sum_i \nabla_i^2 + \sum_A \sum_{B>A} \frac{Z_A Z_B}{R_{AB}} + \sum_i \sum_{j>i} \frac{1}{r_{ij}} - \sum_i \sum_A \frac{Z_A}{r_{iA}}\right]\psi = E(R)\psi \tag{4}$$

式中,R_{AB} 表示核与核之间的距离,为常数;ψ 是描述特定核构型下电子运动的波函数;$E(R)$ 则表示分子处于该构型时电子的总能量。这就是 Born-Oppenheimer 近似,简称 BO 近似。通常情况下,化学中所感兴趣的是特定分子结构下的性质,因此,量子化学计算的中心任务就简化成了求解电子运动方程。

② Hartree 近似及自洽场方法。对于多电子分子体系,即使求解固定核构型下的电子运动方程也相当困难。为了计算方便,需要进一步引入近似处理,最常用的方法就是所谓的

"单电子近似"。

在多电子体系中,所有的电子之间存在相互排斥作用,任何一个电子的运动都依赖、影响其余所有电子的运动状态。这种"电子相关"(electron correlations)作用使得 Born-Oppenheimer 近似下的电子运动方程很难求解,即使是数值求解也非常困难。Hartree 近似的含义是指:用某种"有效场"(effective field)来描述电子相关效应,认为每个电子只是在原子核及所有其他电子产生的"平均势场"(mean field)中运动。因此,该电子的波函数就可以看作是"类氢离子"的单电子运动波函数,这样,该电子的波函数就只依赖于该单个电子的坐标。换句话说,就是将每一个电子的运动分离开来,采用"单电子波函数 ψ_i",常称为"分子轨道"(molecular orbital,当然不是经典力学中所说的运动轨迹或轨道),将电子的总波函数 ψ 表达为所有单电子波函数 ψ_i 的乘积,即:

$$\psi = \prod_i \psi_i \tag{5}$$

ψ_i 可以通过求解单电子体系的 Schrödinger 方程获得,即:

$$h(i)\psi_i = [-\frac{1}{2}\nabla_i^2 + v^{\text{eff}}(i)]\psi_i = \varepsilon_i \psi_i \tag{6}$$

其中 $v^{\text{eff}}(i)$ 为第 i 个单电子所感受到的"有效势"。显然,每一个单电子的"有效势"都与其他电子的轨道波函数相关,要求解任何一个单电子的 Schrödinger 方程以得到该电子所有对应的轨道 ψ_i,都必须知道其他电子的轨道 ψ_i 的信息,也就是说所有单电子的 ψ_i 的求解也是耦合在一起的。

具有最低能量轨道 ψ_i 可以通过迭代方法求得"自洽解",即所谓的自洽场(self-consistent field,SCF)方法,其基本步骤是:

a. 初始猜测所有的单电子轨道 ψ_i;

b. 构造出每个电子的 $h(i)$ 算符;

c. 求解所有电子的 Schrödinger 方程,得到一组新的单电子轨道 ψ_i^1;

d. 以新的单电子轨道 ψ_i^1 为初始轨道,依次重复 b、c 步骤,直到连续两次的结果收敛(converged)为止。

这里所谓的"收敛",是指该目标分子的某些指标(如能量、波函数、波函数的平方即电子密度)达到或小于事先设定的某个阈值(thresholds)。当然,如果初始猜测的波函数不够好,与待求的实际波函数差别太大,就不容易得到收敛的计算结果。值得注意的是,没有收敛的波函数没有任何意义,在此基础上的进一步计算也没有意义。

(3) 密度泛函理论

密度泛函理论是 1964 年由 Kohn 提出的,他认为电子密度决定分子的一切性质,体系的能量是电子密度的泛函,并提出了 Hohenberg-Kohn (HK) 定理:①对于一个共同的外部势 $v(r)$,相互作用的多粒子系统的所有基态性质都由非简并基态的电子密度分布 $\rho(r)$ 唯一决定;②如果 $\rho(r)$ 是体系正确的密度分布,则 $E[\rho(r)]$ 是最低的能量,即体系的基态能量。1972 年,Levy 证明了 HK 第一定理中的非简并的要求是多余的。密度泛函理论将 3N 维波函数问题简化为三维粒子电子密度问题,大大降低了计算量,同时又拥有较高的精度,这也是 DFT 被广泛使用的优势所在。

$$\hat{k}_i \varphi_a(r_i) = \varepsilon_a \varphi_a(r_i) \tag{7}$$

式(7)就是 1965 年 Kohn 和 Sham 提出的 Kohn-Sham DFT (KS-DFT) 方程。式中,

$\hat{k}_i$ 为 KS 算符；ε_α 为 KS 轨道能；$\varphi_\alpha(r_i)$ 为 KS 轨道。其核心思想在于：①动能主要通过电子密度相同的无相互作用体系来计算；②电子相互作用中库仑力占据主要部分；③非经典的交换和相关作用、动能校正项、自相互作用折入交换相关泛函中。目前所说的 DFT 计算一般都是指基于 KS-DFT 方程的计算。经过数十年的发展，密度泛函理论逐渐变得完善，特别是 1994 年提出的 B3LYP 泛函，使得 DFT 方法风靡量子化学界。

2. 基组（basis set）

在量子化学中，基组是指用来描述体系波函数的一组数学函数，即把分子轨道向某一"基组"展开，从而把非线性的微积分方程转化为一组代数矩阵方程，简化计算过程。原则上讲，该"基组"应该是一个完备集才能准确地描述体系的分子轨道。但是，完备集基组难以构造，计算不可行，通常采用有限的基组展开项。

从计算角度来讲，基组选择有两条原则：一方面要使基组数目尽可能的少，从而减少双电子积分的数目；另一方面又要保证体系所要达到的精确度。常见的基组包括以下几种类型：

（1）斯莱特型轨道（Slater-type orbital，STO）

STO 指的是用斯莱特型函数模拟原子轨道，用斯莱特型函数构成的基组具有明确的物理意义，能够较好地描述电子云的特征，缺点是在计算多中心双电子积分时，计算量很大。

（2）高斯型轨道（Gaussian-type orbital，GTO）

高斯型轨道是指用高斯型函数替代原来的斯莱特型函数去模拟原子轨道，高斯型函数基组的优点是易于计算，但不能很好地描述原子轨道的特征。

（3）压缩高斯型轨道（contracted GTO）

为了兼具斯莱特型函数和高斯型函数的优点，将多个 GTO 线性组合压缩成一个 STO 轨道，就构成了所谓的压缩高斯型轨道。压缩高斯型基组是目前使用最多的基组。

（4）最小基组（minimal basis set）

当用三个 GTO 线性组合压缩成一个 STO 时，就构成了最小基组，表示成 STO-3G（这个符号的意义是 3 个 GTO 压缩成一个 STO），它是规模最小的压缩高斯型基组。由于基组规模较小，计算量也就小，但计算精度不高。

（5）劈裂价键基组（split-valence basis set）

增大基组规模是提高计算精度的一个方法。由于内层电子对反应性质的影响往往不大，因此，为了兼顾计算精度和计算效率，通常的做法是将价层电子轨道劈裂成更多的基函数。常见的劈裂价键基组有 3-21G、6-31G、6-311G 等，在这些表示中，"-"之前的数字表示构成内层原子轨道的高斯型函数数目，"-"之后的数字分别表示构成价层轨道的劈裂基函数的高斯型函数数目。以 6-31G 所代表的基组为例，每个内层电子轨道由 6 个高斯型函数线性组合而成，而每个价层电子轨道则被劈裂成两个基函数，分别由 3 个和 1 个高斯型函数线性组合而成。

（6）极化函数（polarization function）

为了更好地描述电子云变形的性质，在劈裂价键基组的基础上又引入了极化函数，也就是在劈裂价键基组的基础上添加更高能级原子轨道所对应的基函数，尽管这些高能级原子轨道没有电子分布，但会对内层电子构成影响，因而包含了极化函数的劈裂价键基组能够更好地描述体系的性质。

在劈裂价键基组上添加极化函数的方式：以添加了极化函数的基组 6-31G(d) 和 6-31G(d,p)为例，6-31G(d) 相当于在劈裂价键基组 6-31G 的基础上为重原子（除氢、氦原子）添加一个 d 极化函数［在表示方法上，6-31G(d) 等同于 6-31G*］；而 6-31G(d,p)则相当于除了在劈裂价键基组 6-31G 的基础上为重原子添加一个 d 极化函数，同时为轻原子（氢和氦原子）添加一个 p 极化函数［6-31G(d,p)等同于 6-31G**］。

(7) 弥散函数（diffuse function）

为了更好地描述非键相互作用（例如阴离子体系），在添加了极化函数的基础上又需要添加弥散函数，弥散函数的特点是函数的图像会向着远离原点的方向弥散，因而能够描述较远程的相互作用。

添加弥散基组的方式：以添加了极化函数和弥散函数的基组 6-31+G (d) 和 6-31++G (d, p) 为例，6-31+G (d) 相当于在基组 6-31G 的基础上为重原子（除氢、氦原子）添加一个极化函数和一个弥散函数；而 6-31++G(d, p) 则相当于除了在基组 6-31G 的基础上为重原子添加一个极化函数和一个弥散函数，也为轻原子（氢和氦原子）添加一个极化函数和一个弥散函数。

(8) 全电子基组

上面介绍的基组，例如 6-31G、6-31+G(d) 等，又叫做全电子基组，全电子基组的特点是内层和外层电子都用基函数来表示。

(9) 赝势基组（Pseudo potential）

在描述原子轨道时，假如不计算内层电子，而把内层电子的贡献用一个势能项来描述，那么这个势能项就称为赝势。当使用赝势（描述内层电子）时需要配合基组（描述价电子）的使用。使用赝势的原因：能够减小计算量；没有相应的全电子基组；对于重原子能够计入相对论效应。

3. 溶剂效应

为匹配实验光谱，在进行模拟计算光谱时，模拟计算的溶剂模型的选择很重要。样品的测试实验大多数发生于溶液中，所以极其容易生成溶剂-溶剂分子间和溶剂-溶质分子间氢键。氢键的形成使得分子的结构或振动发生变化，所以使用光学仪器对分子进行测试时，分子的实验光谱会有所变化，因此在对待测手性分子进行计算模拟光谱时，溶剂模型的选择十分重要。理论模拟计算除了可在气相中模拟分子的几何结构，也可模拟在不同溶剂环境下的情形。模拟计算中，溶剂模型一般分为两种。

(1) 隐式溶剂模型（implicit model）

在模拟计算过程中，将实验中溶液环境模拟成连续统一的电介质环境，但其并不是与溶剂分子相互反应的模拟实验体系。这种采用连续电介质环境模拟实验中的溶液环境的模型也被称为连续极化模型（PCM）。

(2) 显式溶剂模型（explicit model）

正如名字所表述，将溶剂分子显现在模拟计算系统中，假设可知数量的溶剂分子环绕溶质分子，并相互形成氢键、范德华力等分子间相互作用力，充分考虑了溶剂与溶质分子之间的相互影响。

由于不同的溶剂与溶质之间形成氢键的能力不同，所以在选择溶液环境进行模拟时，要根据实验条件而选择相应的溶液环境进行模拟。例如，水是一个极其特殊的溶剂，既可以作为质子的供体也可作为质子的受体，当使用水作为溶剂进行实验时，水分子易与溶质分子形成较强的氢键，分子的质心必定变化，如果单考虑隐式溶剂模型，必然会使理论光谱和实验光谱之间不能很好地匹配，故此时，在考虑溶剂模型时，显式溶剂模型是最优的选择。近年来，科学家们开始尝试两种模型的相互结合使用（explicit+PCM），并分别和以上两种模型进行对比分析。

仪器及试剂

仪器：傅里叶变换红外光谱仪，紫外-可见分光光度计。

试剂：苯甲酸，溴化钾。以上试剂均为分析纯。

实验步骤

1. 苯甲酸及其溶液红外光谱测量

① 采用 KBr 压片法测定苯甲酸红外光谱。

② 液膜法测定苯甲酸溶液红外光谱。在两个圆形的盐片间滴 1~2 滴苯甲酸的氯仿、环己烷和乙醇样品，形成一层薄的液膜，然后放入光路检测。

2. 苯甲酸溶液紫外光谱测量

分别用紫外分光光度仪检测苯甲酸的环己烷、氯仿、乙醇溶液的紫外吸收光谱。

3. 苯甲酸分子构象搜索

采用 GaussView 软件构建苯甲酸分子，并保存为输入文件。观察分子结构，找出容易转动的化学键（即对应的二面角），采用量子化学计算软件 Gaussian 09 对容易转动的二面角进行 180°柔性扫描，对苯甲酸分子可能构象进行搜索。关键词为 Opt＝ModRedundant，计算方法和基组为 hf/sto-3g。注意对分子进行柔性扫描时，分子的坐标格式要转换为内坐标。具体参数见图 2-4。

```
%chk=C:\Users\HP\Desktop\scan_test_1.chk
#p hf/sto-3g Opt=ModRedundant      ← 柔性扫描关键词

Title Card Required

0 1
C
H          1   1.06999992
H          1   1.06999992   2   109.47120419
H          1   1.06999992   3   109.47120435   2   119.99995974   0
C          1   1.53999994   3   109.47123705   2  -120.00002017   0
H          5   1.06999993   1   109.47123692   3   120.00000017   0
H          5   1.06999992   1   109.47123734   3     0.00000000   0
H          5   1.06999992   1   109.47123707   3  -119.99999974   0

2 1 5 6 s 10 18.0    ← 数字代表的意思分别为：二面角四个原子编号；扫描；10个点，每个点之间间隔角度
```

图 2-4　柔性扫描输入文件关键词和参数设置

计算结束后，打开 .out 文件，在 Results→scan 中查看扫描结果，从中可以看出不同构象的能量变化。

4. 苯甲酸结构优化

从构象扫描结果中找出能量最低结构，然后在高精度基组，即 b3lyp/6-31g * 水平下进一步进行结构优化，关键词为 opt。具体参数见图 2-5。

```
%chk=Benzoic_Acid_opt.chk
#p opt b3lyp/6-31g*

Title Card Required

0 1
C        -1.83477000   -1.23442900   -0.00000600
C        -0.45006700   -1.18489200   -0.00000500
C         0.20022900    0.04503500   -0.00000400
C        -0.54267800    1.22165100    0.00000500
C        -1.92663500    1.16983700    0.00000700
C        -2.57228000   -0.05877000   -0.00000100
H        -2.34093200   -2.19121500   -0.00001000
H         0.13338600   -2.09708200   -0.00001000
H        -0.02336000    2.17260500    0.00000900
H        -2.50323100    2.08589000    0.00001200
H        -3.65464600   -0.10028100   -0.00000100
C         1.71365700    0.13681000   -0.00000400
O         2.36406300    1.16878700   -0.00000900
O         2.33152500   -1.11092200    0.00002700
H         3.29933700   -0.90428800   -0.00008800
```

图 2-5 气相下苯甲酸结构优化输入文件关键词和参数设置

5. 苯甲酸频率计算和红外光谱模拟

在 b3lyp/6-31g * 水平下，对优化后的苯甲酸进行频率计算，关键词为 freq，并得到理论红外光谱数据，将光谱数据导入 Origin 中作图，然后与实验光谱进行比较，找出不同吸收峰对应的振动模式。

6. 溶剂效应分析

上述结构优化和频率计算均为气相条件下的模拟。但实际测量过程中，苯甲酸多溶解在溶液中，因此计算过程中需要考虑溶剂效应。具体关键词为 SCRF＝（solvent＝CycloHexane）。Solvent 后添加溶剂名称，一般为 Gaussian 数据库中含有的溶剂名（溶剂名可在 Gaussian 官方网站上查询，http：//gaussian.com/scrf/）。考虑溶剂效应的红外光谱计算与气相条件下的过程相似，加上关键词 SCRF＝（solvent＝CycloHexane）后对苯甲酸分子进行结构优化和频率计算。

7. 苯甲酸紫外光谱模拟及其溶剂效应分析

各种计算激发态的方法，比如 CIS、TDDFT、TDHF、ZINDO、EOM-CCSD、SAC-CI、LR-CC3、CASPT2 等，直接给出的都是在某个结构下，基态与各个激发态之间的电子能量差。这些方法也可以优化激发态和对激发态做振动分析，也能给出激发态波函数信息用于讨论激发态原子电荷、偶极矩、电子定域性等问题。目前最流行的且用得最多的是 TDDFT，它达到了精度与效率的较好平衡点。

实际上，吸收、发射过程既涉及电子态的改变也涉及振动态的改变，完整考虑这样的过程比较麻烦，需要优化基态结构、对基态做振动分析、优化激发态结构（很耗时）、对激发态做振动分析（巨耗时）。

为了简化计算和讨论，人们一般忽略核振动的量子效应，只考虑电子势能面。此时电子跃迁可用以下假想模型表示，见图 2-6。

一般研究激发态计算的是以下三种理想化的跃迁方式（图 2-6）：

① 垂直吸收：电子从基态吸收光子而被激发到激发态，结构保持基态的极小点结构。计算垂直吸收能包含以下两步：

a. 优化基态几何结构；

b. 在步骤 a 的结构下计算基态到感兴趣的激发态的激发能。

② 垂直发射：电子从激发态发射光子而退激到基态，结构保持激发态的极小点结构。计算垂直发射能包含以下两步：

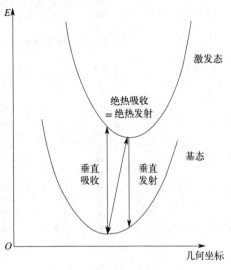

图 2-6 分子激发方式示意图

a. 优化激发态几何结构（初猜结构无所谓，如果不知道激发态结构什么样，一般用基态极小点结构作为初猜结构）；

b. 在步骤 a 的结构下计算基态到激发态的激发能（这便是这个激发态垂直发射到基态的能量）。

③ 绝热吸收：电子从基态被激发到激发态，结构也从基态极小点结构变化到激发态极小点结构。计算绝热吸收能包含以下三步：

a. 优化基态几何结构，在最后一步得到基态极小点能量；

b. 优化激发态几何结构，在最后一步得到激发态极小点能量；

c. 将第二步得到的能量与第一步得到的能量求差值。

绝热发射是绝热吸收的逆过程，跃迁能量相同。

以上跃迁方式是理想化的，对理论研究有用，对于研究实际问题也有用。实际吸收、发射光谱的最大峰位置一般分别接近于垂直吸收能和垂直发射能。0-0 跃迁是指从基态的零振动态跃迁到激发态的零振动态。也就是说，电子从基态的零振动态（最低振动能级）跃迁到激发态的零振动态（激发态的最低振动能级）。这种跃迁不伴随振动量子数的变化，意味着振动状态没有改变，仅有电子状态的改变。

因此，本实验中苯甲酸的理论紫外吸收光谱采用垂直激发能进行模拟（图 2-7）。其具体过程：在前面优化的结构基础上，加上关键词 td 进行计算。

当考虑溶剂效应时，需加关键词：SCRF=（solvent=CycloHexane）。

8. 苯甲酸化学性质的理论分析

（1）苯甲酸表面静电势分析

静电势是实空间函数，对于分子体系定义如下：

$$V_{total}(r) = V_{Nuc}(r) + V_{Elec}(r) = \sum_A \frac{Z_A}{|r - R_A|} - \int \frac{\rho(r')}{|r - r'|} dr'$$

Z 代表核电荷数，R 是原子核坐标。一个分子在 r 处的静电势，等于将一个单位正电荷放在 r 处后它与此分子产生的静电相互作用能，注意这里假定这个单位正电荷的出现对分子

```
%chk=Benzoic_Acid_freq.chk
#p td b3lyp/6-31g*

Title Card Required

0 1
C        -1.83422300    1.23720700    0.00000000
C        -0.44077100    1.20282600    0.00000400
C         0.21816900   -0.03123600   -0.00000100
C        -0.51105500   -1.22511500   -0.00001000
C        -1.90272300   -1.18746700   -0.00001300
C        -2.56495000    0.04474900   -0.00000900
H        -2.35182500    2.18914700    0.00000300
H         0.14469900    2.11180600    0.00001000
H         0.03446000   -2.16078700   -0.00001400
H        -2.47143800   -2.10965400   -0.00002000
H        -3.64847900    0.07584600   -0.00001200
C         1.69185100   -0.13394200    0.00000300
O         2.34092900   -1.17762900    0.00000200
O         2.29339500    1.11176600    0.00002000
H         3.28020400    0.97842500    0.00002600
```

图 2-7　苯甲酸紫外光谱输入文件关键词

的电荷分布不产生任何影响。静电势由带正电的原子核电荷产生的正贡献和带负电的电子产生的负贡献构成。在 r 处，如果静电势为正，说明此处的静电势由原子核电荷所主导，如果为负，说明电子的贡献是主导。在原子核附近，包括价层区域，由于离核较近，静电势都是正值，这部分通常不是分析时感兴趣的（尽管分析它们也有一些特殊用处，比如获得共价半径）。而在分子表面，电子的贡献和核的贡献达到可以抗衡的程度，电子密度分布的不均匀性会导致分子表面静电势有正有负。对中性体系，通常负值出现在高电负性原子的孤对电子、π电子云以及碳-碳强张力键（如环丙烷）附近，因为这些区域电子比较富集。在化学反应初期分子间通过静电吸引而相互接近的过程与分子对其外部（范德华表面及更远区域）产生的静电效应密切相关，因此可以通过分析分子范德华表面上静电势的分布来预测在什么位点上最有可能发生何种化学反应，通常认为静电势越负（越正）的地方对应的原子越容易发生亲电（亲核）反应。实际上，通过原子电荷来预测反应位点在本质上是这种静电势分析方法的抽象、简化。分子表面静电势填色图是计算化学研究中经常要绘制的一种图，可以在 GaussView 里绘制。

（2）苯甲酸原子电荷分析

原子电荷，即位于原子中心的点电荷，是对化学体系中电荷分布最简单、最直观的描述方式之一。它有很多重要意义，比如帮助化学工作者研究原子在各种化学环境中的状态、考察分子性质、预测反应位点。另外原子电荷模型在计算化学中也有很多实用价值，如作为分子描述符用于药物虚拟筛选、在分子对接和分子动力学/蒙特卡罗模拟中描述静电作用、在量子力学（QM）与分子力学（MM）结合计算中表现 QM 区域原子对 MM 区域原子的静电作用势。在其他一些理论方法中也需要借助原子电荷，如 Pipek-Mezey 轨道定域化方法等。

Mulliken 方法是最古老的原子电荷计算方法。它的算法简单，计算量可忽略不计，几乎出现在所有量子化学软件中。本实验中苯甲酸的原子电荷信息包含在结构优化 out 输出文件中，可以通过 out 文件文本查看（如图 2-8）。

（3）苯甲酸 HOMO-LUMO 轨道分析

HOMO 和 LUMO 分别指最高占据分子轨道（highest occupied molecular orbital）和最

低未占分子轨道（lowest unoccupied molecular orbital）。根据前线轨道理论，两者统称前线轨道，处在前线轨道上的电子称为前线电子。HOMO 与 LUMO 之间的能量差称为"能带隙"，这个能量差即称为 HOMO-LUMO 能级，有时可以用来衡量一个分子是否容易被激发：带隙越小，分子越容易被激发。

前线轨道理论认为：分子中有类似于单个原子的"价电子"的电子存在，分子的价电子就是前线电子，因此在分子之间的化学反应过程中，最先作用的分子轨道是前线轨道，起关键作用的电子是前线电子。这是因为分子的 HOMO 对其电子的束缚较为松弛，具有电子给体的性质，而 LUMO 则对电子的亲和力较强，具有电子受体的性质，这两种轨道最易互相作用，在化学反应过程中起着极其重要的作用。

```
Mulliken charges:
              1
    1  C   -0.182570
    2  C   -0.175826
    3  C   -0.099053
    4  C   -0.161804
    5  C   -0.185024
    6  C   -0.175875
    7  H    0.193945
    8  H    0.215873
    9  H    0.215948
   10  H    0.194812
   11  H    0.195108
   12  C    0.653214
   13  O   -0.491898
   14  O   -0.564573
   15  H    0.367724
Sum of Mulliken charges =   -0.00000
```

图 2-8　out 文件中原子电荷信息

Gaussian 的结构优化文件中也包含了 HOMO-LUMO 的信息，通过 GaussView 可以查看相应的轨道形状（见图 2-9）。

HOMO　　　　　　　　　　　LUMO

图 2-9　苯甲酸 HOMO-LUMO 轨道图

思考题

1. 苯甲酸红外光谱中常见的吸收峰对应哪些化学键的振动？如何通过模拟结果来识别不同振动模式的吸收峰？

2. 如果理论模拟的红外光谱与实验结果有显著差异，可能的原因是什么？如何通过调整计算方法或参数使得模拟光谱与实验光谱更接近？

3. 在考虑溶剂效应时，溶剂的极性如何影响苯甲酸的红外和紫外光谱？请结合溶剂分子与苯甲酸分子之间的相互作用，分析溶剂极性对光谱特征的具体影响。

参考文献

[1] 谢惠定, 郭蕴苹, 黄燕. Gaussian03/GaussView 在红外光谱教学中的应用 [J]. 光谱实验室, 2010, 27（1）: 55-57.

[2] 蔡开聪, 杜芬芬, 刘佳, 等. Gaussian 软件在红外光谱学教学中的应用 [J]. 化学教育, 2014, 35（8）: 50-53.

[3] 梁小蕊, 丛静娴, 李荫, 等. 基于密度泛函理论的氯氰菊酯振动光谱研究 [J]. 光谱学与光谱分析, 2023, 43（5）: 1381-1386.

实验 40

碳基催化剂对含氮不饱和有机化合物的催化还原性能研究

 实验目的

1. 了解常见含氮不饱和有机化合物的来源、危害和处理方法，了解氧化石墨烯的制备方法。
2. 掌握 NHG 或 NG 的制备，运用紫外-可见吸收光谱（UV-Vis）监测催化反应进程，用核磁共振谱（NMR）分析产物结构。
3. 了解表征催化剂形貌和元素组成的方法，了解比表面分析仪、扫描电子显微镜（SEM）、透射电子显微镜（TEM）和 X 射线光电子能谱（XPS）仪等表征仪器的基本原理，能够分析样品结构与性质，初步理解催化剂的形貌、元素组成对性能的影响。
4. 初步掌握反应动力学的研究方法，学会推导多相催化的相关动力学方程。

 实验原理

水溶性含氮不饱和有机化合物具有难降解、高毒性等显著特点，含有这类化合物的污水已成为当今世界难治理的工业废水之一，4-硝基苯酚（4-NP）、甲基橙（MO）和刚果红（CR）是典型水溶性含氮不饱和有机化合物类污染物。例如，4-NP 作为中间体被广泛地应用于农药、医药和染料等的合成中，排出的含有 4-NP 的工业废水对生态环境和人类健康产生了严重的危害。因此，去除这些污染水体中的有害化合物十分重要。含上述有机污染物的废水的主要处理方法有生物降解法、物理法（吸附法、膜分离法和萃取法）和化学法（氧化法和还原法）。其中，化学还原法是利用还原剂将这些含氮不饱和有机化合物还原为毒性小、易降解的芳胺类化合物，如 4-NP 可以还原为 4-氨基苯酚（4-AP）。此外，芳胺类化合物是非常有价值的化工原料。

本实验针对溶有常见含氮不饱和有机染料废水的处理问题，以氧化石墨烯（GO）为原料，经水热法合成碳基催化剂［氮掺杂多孔石墨烯（NHG）或氮掺杂石墨烯（NG）］，通过扫描电子显微镜、透射电子显微镜、比表面分析仪、X 射线光电子能谱仪等对其结构、形貌和元素组成等进行表征，并研究其对硼氢化钠还原含氮不饱和有机化合物性能的影响。本实验涉及无金属碳基催化剂的制备及其对含氮不饱和有机化合物的催化还原，实验流程见图 2-10。采用 NHG 实现废水中水溶性含氮不饱和有机化合物的无金属催化还原，一方面大幅度降低上述化合物含量，减少对环境的污染，另一方面将其转变为有价值的芳胺，具有变废为宝的优势，其无金属碳基催化还原方法符合绿色环保理念。

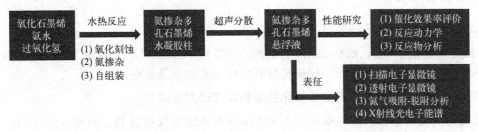

图 2-10　NHG 碳基催化剂的制备、表征和催化性能研究流程图

仪器及试剂

仪器：分析天平，磁力搅拌器，冷冻干燥机，水热反应釜，烘箱，超声波清洗器，紫外-可见分光光度计，核磁共振仪，比表面分析仪，扫描电子显微镜，透射电子显微镜，X射线光电子能谱仪等。

试剂：氧化石墨烯（GO，自制，避光冷藏），过氧化氢（AR），氨水（AR），硼氢化钠（AR），4-NP（AR），甲基橙（AR），刚果红（AR）。

实验步骤

1. 碳基催化剂 NHG 的制备

将 60.0mL GO（4.0mg·mL^{-1}）超声分散于水中，再依次将 7.0mL 0.3%（质量分数）的 H_2O_2 溶液、15.0mL 28%（质量分数）的氨水加入 GO 溶液中，混合均匀加入聚四氟乙烯反应釜内胆中。然后，将反应釜置于 180℃ 的烘箱中，反应 5h。为合理利用时间，在此期间可完成理论知识的讲解（如 GO 制备、NHG 或 NG 制备、催化反应过程和动力学研究等）、反应底物（4-NP、MO 和 CR）水溶液的配制及其 UV-Vis 测试。GO 在水热反应过程中发生氧化刻蚀、氮掺杂和还原，并组装得到 NHG。反应结束后，采用冷水降温将反应釜冷却至室温，得到自组装的圆柱形 NHG 水凝胶材料。以 100mL 去离子水浸泡和洗涤 NHG 水凝胶柱 6 次，除去过量氨水。将 NHG 水凝胶浸入 60mL 水中，超声粉碎 30min 后可以获得均匀分散的 NHG 悬浮液，测量 NHG 悬浮液的浓度后备用。采用类似的方法制备 NG，将 H_2O_2 溶液替换为等体积的 H_2O 即可。

2. NHG 对含氮不饱和有机化合物的催化还原

取 3.0mL 4-NP 水溶液（20mmol·L^{-1}）与 227mg $NaBH_4$ 溶液（6.0mmol）混合均匀，溶液呈黄色。在搅拌条件下加入 1.0mL NHG 悬浮液（1.0mg·mL^{-1}），随着反应的进行，颜色逐渐变浅，反应结束时变为无色，得到产物 4-AP。用 UV-Vis 实时监测反应，每隔一段时间（20s 或 30s）取 0.3mL 反应液，快速过滤催化剂并用蒸馏水稀释滤液至 0.1mmol·L^{-1} 后进行检测。MO（2.5mmol·L^{-1}）和 CR（5.0mmol·L^{-1}）的催化还原反应中，此两者用量皆为 3.0mL，还原剂 $NaBH_4$ 用量为 57mg，催化剂 NHG 用量为 2mg。反应液变为无色后，将催化剂过滤并用少量乙醇进行浸泡，浸泡液无色则表明 4-NP 已被完全还原，这可排除物理吸附造成的脱色。

结果与讨论

1. 碳基催化剂 NHG 的表征

用 SEM 测试 NHG，观察 NHG 的结构。用 TEM 测试 NHG，观察 NHG 的微纳结构。通过 X 射线光电子能谱（XPS）仪研究材料中的元素组成及价态。

2. 碳基催化剂 NHG 的无金属催化性能和反应动力学研究

通过对反应液进行间歇性取样和 UV-Vis 分析来监测反应进程。观察 400nm 和 300nm 处吸收峰的强度变化，绘制 A/A_0（A 为反应时间为 t 时反应液在 400nm 处的吸光度，A_0 为反应初始时反应液在 400nm 处的吸光度）随反应时间的变化曲线，判断该反应为一级还是二级反应，计算出表观反应速率常数（k）。通过表现反应速率常数与催化剂质量的比值 k 评价体系的催化效率。此外，通过转换频率（TOF，此处定义为 1mg 催化剂每分钟可将 4-NP 转化为 4-AP 的物质的量，单位：$mmol \cdot mg^{-1} \cdot min^{-1}$）来评价催化剂的活性，计算公式如下：

$$\text{TOF}(mmol \cdot mg^{-1} \cdot min^{-1}) = \frac{\text{每分钟反应的 4-NP 的物质的量}(mmol \cdot min^{-1})}{\text{催化剂质量}(mg)}$$

MO 和 CR 的催化性能可以通过相似的研究方案来进行，通过颜色的变化来监控反应的进行程度。此外，采用 NMR 氢谱对 MO 的催化还原产物进行结构确认。

根据 Langmuir-Hinshelwood（L-H）模型公式：

$$r = -\frac{dc}{dt} = \frac{k_1 k_2 c}{1 + k_2 c}$$

式中，r 为总反应速率；c 为反应物浓度，即 4-NP 浓度；k_1 为反应速率常数；k_2 为表观吸附常数。

若反应为一级反应，即反应速率只与反应物浓度相关，则上式可简化为：

$$r = -\frac{dc}{dt} = k_1 k_2 c_{\text{4-NP}} = k c_{\text{4-NP}}$$

上式两边积分，得：

$$\ln \frac{c_0}{c_t} = kt$$

即：

$$\ln \frac{A_t}{A_0} = \ln \frac{c_t}{c_0} = -kt$$

式中，A_0 为反应起始时 4-NP 在 400nm 处的吸光度；A_t 为反应时间为 t 时体系中 4-NP 在 400nm 处的吸光度；c_0 为反应起始时 4-NP 的浓度；c_t 为反应时间为 t 时体系中 4-NP 的浓度；k 为表观速率常数与催化剂质量的比值

 思考题

1. 在催化还原反应中，如何通过 UV-Vis 光谱监测反应进程？请解释如何利用吸光度变化来判断反应的级数，并计算表观反应速率常数。在 Langmuir-Hinshelwood 模型中，反应速率与反应物浓度的关系是如何体现的？请推导出一级反应的速率方程，并讨论影响反应速率的主要因素。

2. 在本实验中，催化剂的活性通过转换频率（TOF）进行评价。请解释 TOF 的定义及其在催化剂性能评估中的重要性。如何通过比较不同催化剂的 TOF 值来判断其催化效率？

此外，讨论在实际应用中，催化剂的选择性和稳定性对催化反应结果的影响。

参考文献

[1] 吴洪花，祖凤华，付山，等．Ag@硅氧倍半聚合物的合成及其对对硝基苯酚的催化还原性能［J］．无机化学学报，2021，37（11）：1961-1969.

[2] 奚江波，孙琦，王刚，等．氮掺杂多孔石墨烯对硝基和偶氮化合物的催化还原性能——化学相关专业综合实验的设计与实践［J］．大学化学，2023，38（5）：220-226.

[3] Singh P, Roy S, Jaiswal A. Cubic gold nanorattles with a solidoctahedral core and porous shell as efficient catalyst: Immobilization and kinetic analysis［J］. The Journal of Physical Chemistry C, 2017, 121 (41): 22914-22925.

实验 41
硝基芳烃的连续流催化还原及反应机理研究

实验目的

1. 了解流动化学和有机合成等技术领域的前沿知识，培养科研思维。
2. 掌握催化剂填料的制备、表征等基本实验技能，增强利用化学综合知识探究反应机理的能力。

实验原理

流动化学（flow chemistry）技术具有安全、环保、简便和高效等优势，契合化学、化工等学科"绿色"和"可持续"的发展理念，并入选 2019 年度国际纯粹与应用化学联合会（IUPAC）全球化学领域"十大新兴技术"之一。与传统的间歇式反应过程相比，流动化学技术更适用于化工、制药和水处理等行业的自动化和连续化生产，是一种理想且极具潜力的工业应用方案。将流动化学（如连续流）和反应机理探究融入专业综合性实验教学中，设计氮掺杂石墨烯（NG）-硅酸铝纤维（ASMFs）组装体催化填料（NG-ASMFs）对硝基芳烃的连续流催化还原及机理研究综合实验。本实验以硝基芳烃的连续流催化还原系统构建和反应历程探究为导向，拟制备具有装载便捷、物理阻力小、流通量大等优点的 NG-ASMFs 组装体催化剂，利用该催化剂构筑高性能连续流催化系统，研究其对硝基芳烃的无金属催化还原机理，实验过程如图 2-11 所示。运用扫描电子显微镜（SEM）和透射电子显微镜

(TEM)等仪器表征复合催化填料的微观结构，用X射线光电子能谱（XPS）分析其成分，用高效液相色谱（HPLC）和紫外-可见光谱（UV-Vis）监测催化反应的进程，并用气相-质谱联用（GC-MS）分析反应过程中生成的中间体。在实验过程中，了解流动化学和无金属碳基催化的前沿进展，不仅可以拓宽专业知识面，加强对化学反应历程的理解深度，还能提升综合实验技能，激发对科研探索的兴趣和热情。该实验的内容新颖、操作简单，具有一定的挑战性，有助于开拓科研视野，培养综合实践能力，激发创新思维和热情。

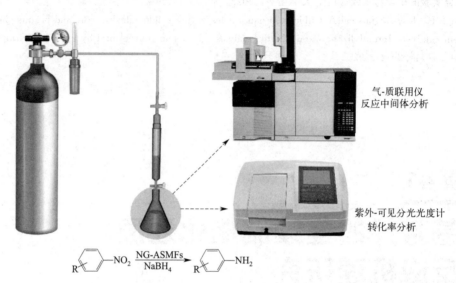

图 2-11 基于 NG-ASMFs 填料的连续流催化系统对硝基芳烃的催化还原性能和机理研究流程图

仪器及试剂

仪器：分析天平，水热反应釜，烘箱，紫外-可见分光光度计，X射线光电子能谱仪，扫描电子显微镜，透射电子显微镜，高效液相色谱仪，气相-质谱联用仪等。

试剂：氧化石墨烯（GO，教师自制，避光冷藏），硅酸铝纤维，氨水（AR），硼氢化钠（AR），硝基苯（AR），4-硝基苯酚（AR），4-硝基苯胺（AR）。

实验步骤

1. NG-ASMFs 催化剂的制备及连续流催化系统的构筑

将 ASMFs（1.0g）加入聚四氟乙烯反应釜内胆中，保持其团簇型蓬松状态以用作支撑材料。再加入 55.0mL GO（4.0mg·mL^{-1}）水溶液、15mL 28%（质量分数）氨水，使得混合溶液稍没过 ASMFs 团簇。然后，将反应内胆密封并装入不锈钢釜套中，置于 180℃的烘箱中反应 5h。GO 在水热反应过程中发生氮掺杂和还原得到活性催化成分 NG，并与 ASMFs 共组装得到 NG-ASMFs 水凝胶组装体催化剂。以 100mL 去离子水浸泡和洗涤 NHG-ASF 水凝胶柱 6 次，除去过量氨水。将 NG-ASMFs 催化填料从玻璃柱管（内径为 1.2cm）顶部开口填充，利用玻璃棒将其推至柱管底部并挤压紧实（填充高度约为 2.5cm），即可构筑基于 NHG-ASMFs 组装体催化剂的流动化学催化系统。

2. 基于 NG-ASMFs 填料的连续流催化系统对硝基芳烃的催化还原性能研究

配制 20.0mL 含有 4-硝基苯酚（5.0mmol·L^{-1}）与 NaBH$_4$（0.5mol·L^{-1}）的水溶

液,并将其倒入流动化学催化系统中。通过调节钢瓶中氮气流量来控制连续流催化系统的流速,使得4-硝基苯酚/硼氢化钠溶液在约60s时间内从柱管中通过NG-ASMFs催化填料全部流出,流速约为20.0mL·min^{-1},流出溶液应主要含有相应产物4-氨基苯酚。取适量流出液并用蒸馏水稀释滤液至0.1mmol·L^{-1},用UV-Vis实时监测反应的转化率。由于硝基苯和4-硝基苯胺在水中溶解性较差,配制反应液的浓度为3.0mmol·L^{-1},体积为20.0mL,还原剂NaBH$_4$浓度为0.3mol·L^{-1}。采用UV-Vis实时监测4-硝基苯酚、4-硝基苯胺、硝基苯还原反应的转化率,并用HPLC分析4-硝基苯胺和硝基苯还原生成相应芳胺的产率。

3. NG对硝基芳烃的无金属催化还原机理探究

以硝基苯为模型反应物,控制反应液在约60s内从连续流催化系统中流出。采用10mL乙酸乙酯对流出的反应液萃取3次,将有机相合并后进行旋转蒸发浓缩至约5mL,再将得到的产品进行GC-MS分析。反应的原料、产物和反应过程中产生的中间体在GC中保留时间不同而得以分离,再根据不同保留时间的化合物的分子离子峰来确认反应生成中间体的结构,进而分析反应历程并提出可能的反应机理。

结果与讨论

1. NG-ASMFs组装体催化剂的表征

用SEM和TEM表征NG-ASMFs催化剂,观察催化剂形貌和结构。利用XPS分析催化填料中活性组分NG的元素组成及价态。

2. 流动化学系统的构筑及其对硝基芳烃的连续流催化还原性能研究

利用氮气钢瓶加压推动反应液流出,通过减压阀和流量计控制气体流量进而调控反应液流速,使得亮黄色4-硝基苯酚/NaBH$_4$水溶液在约60s内从柱管中全部流出,流出无色溶液主要含有对氨基苯酚。取适量流出液并用蒸馏水稀释至0.1mmol·L^{-1},用UV-Vis实时监测反应的转化率。其中,4-硝基苯酚/硼氢化钠溶液的最大吸收波长(λ_{max})约为400nm,反应后流出的4-氨基苯酚溶液λ_{max}约为300nm。采取类似实验方法完成4-硝基苯胺连续流催化还原,4-硝基苯胺溶液的λ_{max}约为380nm和227nm,其催化还原产物1,4-苯二胺的λ_{max}约为240nm和305nm。最后,完成硝基苯的连续流催化还原,并利用HPLC分析4-硝基苯胺和硝基苯胺的转化率和相应芳胺的产率(填入表2-9),并利用GC-MS分析硝基苯催化还原的产物和中间体。

表2-9 NG-ASMFs组装体催化硼氢化钠对硝基芳烃的连续流催化还原性能研究

反应	底物	产物	流速/mL·min^{-1}	时间/s	转化率/%
1	HO—C$_6$H$_4$—NO$_2$	OH—C$_6$H$_4$—NH$_2$	20.0	60	
2	H$_2$N—C$_6$H$_4$—NO$_2$	H$_2$N—C$_6$H$_4$—NH$_2$	20.0	60	
3	C$_6$H$_5$—NO$_2$	C$_6$H$_5$—NH$_2$	20.0	60	

3. 硝基芳烃的无金属催化还原机理探究

在水热条件下,氮原子掺杂至GO骨架中得到NG。由于石墨烯中掺杂的氮原子与周围的碳原子间的电负性存在差异,从而造成电子在石墨烯中的不均匀分布,进而使得一些杂原子邻近的碳原子带部分正电荷,即创造出活性位点。NG中具有催化活性的碳位点可与硝基芳烃分子发生相互作用，促进还原性氢物种转移至硝基芳烃上，发生催化还原反应。以硝基苯为模型化合物，利用 GC-MS 分析其经流动化学催化还原的产物。分析条件：样品浓度约为 $12\text{mmol}\cdot\text{L}^{-1}$，进样量为 $0.2\mu\text{L}$，载气（氮气）流速为 $12.0\text{mL}\cdot\text{min}^{-1}$，柱温箱初始温度为 $60℃$，保持 4min 后以 $15℃\cdot\text{min}^{-1}$ 升到 $300℃$。分析结果表明，除起始原料硝基苯和产物苯胺之外，还检测到亚硝基苯、N-羟基苯胺、氧化偶氮苯和偶氮苯等四种中间体。根据这些中间体，可以推测硝基芳烃的无金属催化还原历程。

思考题

1. 在制备氮掺杂石墨烯（NG）和硅酸铝纤维（ASMFs）组装体催化剂（NG-ASMFs）的过程中，氨水和氧化石墨烯的作用是什么？请结合反应机理讨论氮掺杂对催化剂性能的影响。
2. 如何通过扫描电子显微镜（SEM）和 X 射线光电子能谱（XPS）对催化剂的微观结构和成分进行表征？请描述这两种技术的原理及其在催化剂表征中的应用。
3. 在本实验中，使用气相-质谱联用（GC-MS）分析反应过程中生成的中间体。请解释如何通过 GC-MS 分析确定反应中间体的结构，并推测硝基芳烃的无金属催化还原反应机理。

参考文献

[1] 奚江波，王刚，孙琦，等．硝基芳烃的连续流催化还原反应及反应机理研究综合实验设计 [J]．实验技术与管理，2023，40（4）：114-118.
[2] 王文权，刘萌，孙康，等．基于流动化学平台的 3-(2-羟基苯基)-1-(吡啶-3-基)丙-2-烯-1-酮合成实验改进 [J]．大学化学，2022，37（7）：125-131.

实验 42

超高脱乙酰度壳聚糖的制备与表征

实验目的

1. 了解壳聚糖的性质及应用。
2. 掌握由甲壳素制取壳聚糖的方法。
3. 熟练掌握壳聚糖的脱乙酰度测定和分子量测定的方法，学会乌氏黏度计的使用。
4. 熟悉用红外光仪、核磁共振仪、元素分析仪等仪器表征物质结构的方法，掌握核磁共振仪、元素分析仪等大型仪器的使用。

实验原理

甲壳素通过降解得到超高脱乙酰度壳聚糖（脱乙酰度大于 95%），其降解的方法主要有化学降解、物理降解和酶降解等，而化学降解又包括 H_2O_2 氧化法、酸性或碱性水解法等。将甲壳素在含 $NaBH_4$ 的 $NaOH/H_2O$ 体系中回流反应，干燥后，再在正戊醇/NaOH 体系中回流反应，就能制备出超高脱乙酰度的壳聚糖（见图 2-12），并通过调整反应时间和温度可以得到不同分子量的壳聚糖。如果部分壳聚糖因氧化而呈黄色，可用 $NaBH_4$ 还原，使之变成白色。用该方法制备的壳聚糖脱乙酰度可以达到 98% 以上，该方法实用、可靠，简单易行。实验流程见图 2-13。

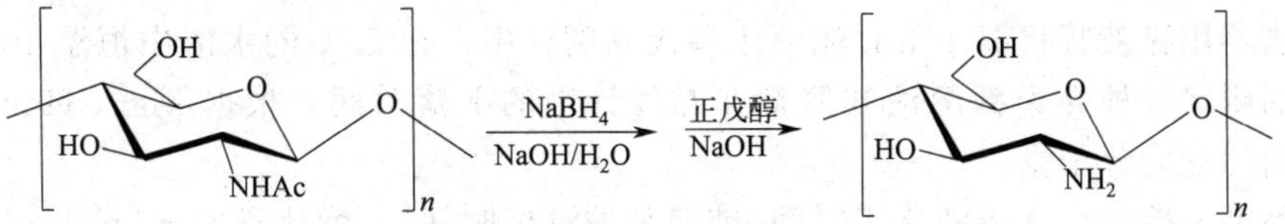

图 2-12 壳聚糖的制备方法

图 2-13 超高脱乙酰度壳聚糖的制备与表征流程图

仪器及试剂

仪器：乌氏黏度计（毛细管直径为 0.5～0.6mm），低温恒温反应浴，破壁机，金属丝编织网试验筛（ϕ200mm×50mm，0.15mm/0.1mm），傅里叶变换红外光谱仪，核磁共振仪，元素分析仪等。

试剂：虾壳（工业级，购自潍坊市海纳甲壳素厂），氢氧化钠，硼氢化钠，戊醇，冰醋酸，氯化钠（AR），溴化钾（AR），氘代三氟乙酸［美国剑桥 CIL（同位素标准品）公司］。

实验步骤

1. 壳聚糖的制备

用蒸馏水将片状虾壳洗净并干燥，粉碎，过筛，收集筛网下的虾壳粉甲壳素作为原料。称取 20.00g 干燥的甲壳素于 500mL 的三口烧瓶中，按照甲壳素、$NaBH_4$、NaOH、水的质量比为 10:1:81.82:100，分别加入 163.64g NaOH、2.00g $NaBH_4$、200.00g 蒸馏水，升温至 140℃，回流反应 4h。将反应液倒入装有蒸馏水的烧杯中搅拌后趁热过滤，洗至中性，干燥；产品再按相同的比例重复反应 4h，得到超高脱乙酰度的壳聚糖。将以上制备的壳聚糖按照壳聚糖、$NaBH_4$、NaOH、正戊醇的质量比为 10:1.1:50:110 加入 500mL 的三口烧瓶中，在 150℃回流 6h，将反应液倒入装有蒸馏水的烧杯中搅拌后趁热过滤，用水洗至中性，烘干得白色有珍珠光泽的片状固体，称重，计算产率。

2. 壳聚糖脱乙酰度的测定

将 15mg 壳聚糖完全溶解于 0.5mL CF_3COOD 中，经核磁共振仪扫描得到谱图。根据谱图中不同化学环境的氢质子的积分面积，计算壳聚糖的脱乙酰度。计算公式如下：

$$DD = \left(1 - \frac{H_{Ac}/3}{H_{1\sim 6}/7}\right) \times 100\%$$

式中，H_{AC} 表示甲壳素乙酰基上的甲基氢的峰面积；$H_{1\sim 6}$ 表示壳聚糖结构单元骨架上氢的峰面积。

3. 壳聚糖黏均分子量的测定

将 0.25g 壳聚糖溶解于 0.1mol·L^{-1} CH$_3$COOH-0.2mol·L^{-1} NaCl 溶剂中，并用 100mL 容量瓶定容，得到浓度为 2.5mg·mL^{-1} 的壳聚糖溶液。再用稀释法分别配制浓度为 0.25mg·mL^{-1}、0.5mg·mL^{-1}、1.0mg·mL^{-1}、1.5mg·mL^{-1} 的壳聚糖溶液。经砂芯漏斗过滤，用移液管移取 10mL 滤液于乌氏黏度计中，在 25℃ 的水浴中恒温 10min 以上。用秒表分别测定五种壳聚糖溶液和溶剂在黏度计中的下落时间。根据 Mark-Houwink 方程计算壳聚糖的黏均分子量。

相对黏度 $\eta_r = t/t_0$（溶液流出时间/纯溶剂的流出时间），增比黏度 $\eta_{sp} = \eta_r - 1$，在无限稀释条件下，比浓黏度 η_{sp}/c 与 $\ln\eta_r/c$ 的极限值都等于特性黏度 [η]，其中 [η] = KM^α，$K = 1.81 \times 10^{-3}$，$\alpha = 0.93$。

4. 壳聚糖的红外光谱和元素分析

采用 KBr 压片法将样品制成薄片，用红外光谱仪扫描降解前后的壳聚糖，分辨率设为 4cm^{-1}，扫描次数为 16，分析降解壳聚糖的结构变化。甲壳素和壳聚糖中 C、H 和 N 用 Elementar 元素分析仪在 CHN 模式下测定。

结果与讨论

1. 壳聚糖脱乙酰度的测定

壳聚糖的脱乙酰度（degree of deacetylaion，DD）是脱除乙酰基的糖残基数占壳聚糖分子中的糖残基数的百分数。壳聚糖脱乙酰度的测定方法主要有滴定法、核磁共振波谱法和色谱法等方法。其中滴定法因装置简单、操作简便，常用于脱乙酰度的测定，但滴定法存在着样品用量较大、滴定操作不易控制、终点不易观察等缺点。而核磁共振波谱（NMR）法准确度高且重现性好，是美国材料与试验协会认定的测定壳聚糖脱乙酰度的标准方法，也是测定壳聚糖脱乙酰度最准确的方法之一。壳聚糖乙酰基上的甲基氢和结构单元骨架上氢的化学位移值不同，通过测试这两部分氢质子的积分面积就可以计算出壳聚糖的脱乙酰度。

采用 ^{1}H NMR 法测定壳聚糖，$\delta = 2.3 \times 10^{-6}$ 处为壳聚糖中残留的乙酰基上的甲基氢，$\delta = (3.73 \sim 5.43) \times 10^{-6}$ 处为壳聚糖结构单元骨架上的氢，将其积分面积分别代入式(1)，计算出壳聚糖脱乙酰度。

2. 壳聚糖黏均分子量的测定

分子量的高低对壳聚糖性质和应用有较大影响，用光散射法和凝胶色谱法分别可以测定壳聚糖的重均分子量和数均分子量。因本实验只需得到相对的分子量且这两种方法的实验设备较昂贵，故选择黏度法测定分子量。壳聚糖的特性黏度直接反映了壳聚糖的分子量大小，黏度越大，其分子量越高。

根据壳聚糖溶液流出时间和纯溶剂的流出时间，计算相对黏度 η_r 和增比黏度 η_{sp}，以比浓黏度 η_{sp}/c 对浓度 c 作图，得一条曲线，以 $\ln\eta_r/c$ 对 c 作图得另一条曲线。将两条曲线拟合后外推至浓度 $c \to 0$，得到特性黏度 [η]。由公式 [η] = KM^α（其中 $K = 1.81 \times 10^{-3}$，$\alpha = 0.93$）计算得壳聚糖黏均分子量。

3. 壳聚糖的红外表征和元素分析

测定甲壳素与不同脱乙酰度的壳聚糖的傅里叶变换红外光谱图。观察甲壳素的酰胺Ⅰ带特征吸收峰、酰胺Ⅱ带特征吸收峰、N—H键弯曲变形吸收峰、酰胺Ⅲ带特征吸收峰、C—N键伸缩振动吸收峰。

用元素分析仪分析壳聚糖，计算理论值和实测值，比较实测值和理论计算值误差大小；依据C、H、N等元素的组成来推断结构式。

思考题

1. 在使用核磁共振波谱（NMR）法测定壳聚糖的脱乙酰度时，为什么选择甲基氢和骨架氢的积分面积进行计算？请解释这两种氢的化学环境差异对结果的影响，并讨论如果使用滴定法测定脱乙酰度可能遇到的困难。

2. 在本实验中，使用黏度法测定壳聚糖的黏均分子量。请解释Mark-Houwink方程的意义及其在分子量测定中的应用。如何通过实验数据（如相对黏度和浓度）绘制出特性黏度与浓度的关系图？请描述如何从图中提取特性黏度并计算黏均分子量。

3. 在对壳聚糖进行红外光谱分析时，观察到甲壳素的酰胺Ⅰ带、酰胺Ⅱ带和酰胺Ⅲ带的特征吸收峰。请解释这些吸收峰对应的化学结构特征及其在壳聚糖脱乙酰过程中的变化。如何通过比较不同脱乙酰度的壳聚糖的FTIR图谱来推断其结构变化？

参考文献

［1］宋巍，陈元维，史国齐，等. 不同脱乙酰度壳聚糖的制备及结构性能的研究［J］. 功能材料，2007，38（10）：1705-1708.
［2］柏正武，付克勤，宾琴，等. 不同分子量超高脱乙酰度壳聚糖的制备［J］. 武汉工程大学学报，2014，36（8）：16-19.
［3］寇晓亮，王琛. 壳聚糖及其降解产物黏均分子质量的测定［J］. 化纤与纺织技术，2010，39（1）：43-46.
［4］陈鲁生，周武，姜云生. 壳聚糖黏均分子量的测定［J］. 化学通报，1996（4）：57-57.
［5］蒋元勋，李海鹰，杨文智，等. 壳聚糖脱乙酰度测定方法的总结与比较［J］. 应用化工，2011，40（10）：1837-1841.

实验 43

纤维素型手性固定相的制备及手性分离

实验目的

1. 了解手性固定相的制备方法。
2. 学习色谱柱的装填方法，掌握高效液相色谱柱效的测定方法。
3. 了解手性化合物的分离。
4. 巩固傅里叶变换红外光谱仪和元素分析仪表征方法。

实验原理

手性药物对映体的拆分是分离、分析领域中的重要研究内容之一。以手性固定相（chiral stationary phase，CSP）为基础的高效液相色谱法因其高效、快速等优点，已成为对映体分离和检测的最佳方法。多糖类 CSP 的制备和应用是近年来色谱手性分离领域的研究热点。本实验涉及色谱固定相的制备、表征和性能测试，用傅里叶变换红外光谱、元素分析和扫描电镜等方法对纤维素衍生物进行表征，用高效液相色谱考察所制备固定相的手性分离性能。本综合实验既包括有机高分子的合成与表征、色谱固定相的制备，又涵盖液相色谱柱的填充、柱效的测定和对液相色谱法进行手性分离性能的评价，有利于综合实验能力的提高和创新能力的培养。

仪器及试剂

仪器：分析天平（万分之一），不锈钢空色谱柱（250mm×4.6mm），Nicolet IR 200 型红外光谱仪，Waters 高效液相色谱仪系统（包括 600E 泵、717 自动进样器、996 二极管阵列检测器、Empower Ⅰ 色谱工作站），Alltech 1666 型色谱柱填充泵，Hypersil 空色谱柱（250mm×4.6mm），VarioEL Ⅲ CHNOS 型元素分析仪（配有百万分之一电子天平）。

试剂：微晶纤维素（AR），1-萘异氰酸酯（AR），甲苯（AR），丙酮（AR），正己烷（AR），乙醇（AR），甲醇（AR），乙腈（AR），3-氨丙基三乙氧基硅烷（APTES）（AR），吡啶（AR，依次用 KOH 和 CaH 回流干燥，重蒸），硅胶（7μm，100nm），手性药物及中间体（结构见图 2-14）等。

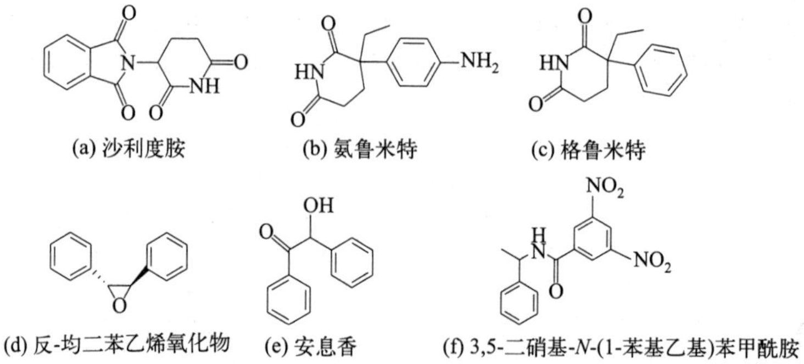

(a) 沙利度胺　(b) 氨鲁米特　(c) 格鲁米特
(d) 反-均二苯乙烯氧化物　(e) 安息香　(f) 3,5-二硝基-N-(1-苯基乙基)苯甲酰胺

图 2-14　手性化合物的结构

实验步骤

1. 纤维素-三（1-萘基氨基甲酸酯）的制备

称取 2.0g 干燥的微晶纤维素于 250mL 三口烧瓶中，再加入 70mL 干燥的吡啶，于 110℃下搅拌溶胀 12h；加入 13mL 1-萘异氰酸酯后，升温至 120℃反应 24h，反应完毕后冷却至室温；将反应液滴加到 400mL 乙醇中，产生沉淀，减压抽滤；用二甲基甲酰胺溶解所得固状物，将溶液滴入乙醇中，进行重沉淀，如此反复 3 次；最终滤饼用乙醇洗涤数次，先在常压、60℃下干燥 12h，再于常温、真空下干燥 12h，得到纤维素-三（1-萘基氨基甲酸酯），即纤维素衍生物灰色粉末，计算产率。

2. 纤维素衍生物的涂覆——手性固定相的制备

称取干燥至恒重的硅胶 10.0g 于 100mL 三口烧瓶中，加入 25mL 甲苯、10mL APTES 和催化量干燥的三乙胺，磁力搅拌，于 95℃下反应 24h，过滤，用丙酮抽提 24h，干燥至恒重，得到氨丙基硅胶。

称取 0.5g 纤维素衍生物溶解在 30mL 的 DMF 中，加入 2.8g 氨丙基硅胶，充分搅拌；在旋转蒸发仪上蒸除 DMF 得到 CSP。计算固定相中纤维素衍生物的涂覆量。

3. 纤维素衍生物及固定相的表征

(1) 傅里叶红外光谱（FTIR）测试

采用 KBr 压片法对实验中得到的纤维素衍生物进行红外光谱扫描，扫描范围为 $4000\sim400\text{cm}^{-1}$。

(2) 元素分析

用元素分析仪在 CHN 模式下对氨丙基硅胶及纤维素衍生物进行元素分析，样品用百万分之一天平称取，取样量约为 3mg，测试前样品需要干燥。

4. 色谱柱的填充及柱效的测定

(1) 均浆法装柱

将固定相均匀分散在异丙醇/正己烷（体积比为 10∶90）匀浆液中，以正己烷为顶替液，用填充泵将 CSP 在 $34\sim44\text{MPa}$（$5000\sim6500\text{psi}$）压力下压入空的不锈钢色谱柱管中。

(2) 柱效的测定

以联苯为分析物，以正己烷/异丙醇（体积比为 90∶10）为流动相，在 $1.0\text{mL}\cdot\text{min}^{-1}$ 流速和 25℃下，用二极管阵列检测器（DAD）检测。

(3) 固定相分离性能的测定

用乙醇配制手性样品溶液（$1.0\text{g}\cdot\text{L}^{-1}$），进样前经 $0.45\mu\text{m}$ 滤膜过滤，进样量为 $10\mu\text{L}$。所有流动相在使用前过滤。流动相的流速均为 $1.0\text{mL}\cdot\text{min}^{-1}$，柱温为 25℃。测定死时间时，以 1,3,5-三叔丁基苯为分析物，其他参数同柱效测定方法一样。

结果与讨论

1. 纤维素衍生物红外谱图解析

根据纤维素-三（1-萘基氨基甲酸酯）的 FTIR 谱图。观察谱图上氨基甲酸酯中的 N—H 键伸缩振动吸收峰、芳香环和纤维素骨架上 C—H 键吸收峰、—CO 特征吸收峰和—NHCO 吸收峰，判断纤维素是否被氨基甲酸酯化。

2. 元素分析

记录氨丙基硅胶及纤维素衍生物元素分析结果，分析它们的 C、H 和 N 实测值和计算值是否相符，结合红外光谱初步判断所合成的产物是否为实验中所需要的目标产物。

3. 柱效的测定和手性识别能力评价

依据柱效测定色谱数据计算柱效和对称因子，分析影响色谱柱柱效的因素；记录 6 种手性药物或者药物中间体手性分离结果并做比较说明。

思考题

1. 在制备纤维素-三(1-萘基氨基甲酸酯)的过程中，为什么选择使用吡啶作为溶剂？吡啶的作用是什么？请结合反应条件和反应机理，讨论其对最终产物的影响。如何通过FTIR图谱判断纤维素是否成功被氨基甲酸酯化？

2. 在柱效的测定中，如何计算柱效和对称因子？请讨论影响柱效的主要因素，并说明如何优化色谱条件以提高分离效果。

3. 在本实验中，使用高效液相色谱法对手性药物进行分离。请解释手性分离的原理及其在药物分析中的重要性。如何通过比较不同手性药物的分离结果来评价所制备固定相的手性识别能力？请讨论可能影响手性分离结果的因素，如流动相的组成、流速和柱温等。

参考文献

陈伟，柏正武. 纤维素型手性固定相制备及手性分离综合实验设计 [J]. 实验技术与管理，2017，34 (5)：44-47.

实验 44

紫外-可见分光光度计的设计、装配及氧化铈溶液紫外-可见吸收光谱的测定

实验目的

1. 了解紫外-可见分光光度计的原理和构成。
2. 掌握紫外-可见分光光度计的装配和调试方法。
3. 掌握紫外-可见分光光度计是否装配成功的验证方法。

实验原理

电子的跃迁可以用紫外-可见分光光度计（紫外-可见光谱仪）来测量。光谱仪检测到的原始数据是电信号。在检测器未被光饱和前，检测器产生的电信号可以近似被认为与照在其表面的光强成正比。

紫外-可见光谱仪的光路图如图 2-15 所示，以此图为模型，利用光路图各个部件和功能，依据大学物理中的光学知识与分析化学知识，搭建一台紫外-可见光谱仪。

本实验将依照这个光路图进行对仪器结构的分析，并完成一台紫外-可见光谱仪的搭建、紫外-可见光谱的测量以及对实际样品的分析。

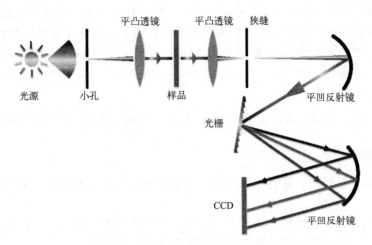

图 2-15 紫外-可见光谱仪的光路图

仪器及试剂

仪器：光源，小孔，平凸透镜，样品池，狭缝，平凹反射镜，光栅，CCD 检测器，光学平台，光学元件架，装有 Windows 操作系统的电脑等。

试剂：10%高氯酸（AR），氧化钬（AR）。

实验步骤

1. 紫外-可见光谱仪的装配

实验所装配的紫外-可见光谱仪的原理如图 2-15 所示，所有部件均安装在光学平台上，保持光路平面与面板高度一致、光路准直、光束通过光学元件的中心部分。

① 安装平凸透镜、平凹反射镜与光栅，将光学元件固定在光学平板上，初步定位。光学平板是一种小型的光学平台，所有的光学元件都将通过 U 形底座、支杆套装、镜架组成的支撑套件固定于其上。

② 打开光源，确认钨灯和氘灯的位置重合。固定第一个平凸透镜，使得透射光成为平行光；固定第二个平凸透镜，使光束透过后会聚，焦点正好位于狭缝中心。在两个透镜间固定样品池架。

③ 在狭缝后顺光方向 100mm（凹面镜焦距）处固定第一个平凹反射镜，使反射光与入射光呈小夹角且近似平行光；沿反射光方向取一位置固定光栅，令光照在光栅正中，调节其与入射光夹角找到强一级衍射，在一级衍射方向固定第二个平凹反射镜，用白纸确定反射光焦点位置，固定 CCD，并尽量使 CCD 接收到 250~820nm 的全部波长范围。

④ 装配完成后，遮光，等待测试。

2. 紫外-可见光谱仪的调试

打开氘灯电源，打开电脑，运行 CCD 软件，扫描光源谱图，调节平凹面镜、光栅和 CCD 的位置与角度，直至出现 3 个锐利尖峰，保存数据。

3. 氧化钬溶液的紫外-可见光谱测试

用氧化钬溶液检定装配的装置是否合理。首先配制氧化钬溶液：取 10%高氯酸为溶剂，加入氧化钬（Ho_2O_3），配成4%的氧化钬溶液。将配制的溶液放入样品光路，参比光路为空气，测定氧化钬的吸收光谱。根据吸收波长的位置和强度来验证装置是否装配成功，并进一步优化光路。可验证的吸收波长分别为241.13nm、278.10nm、287.18nm、333.44nm、345.47nm、361.31nm、416.28nm、451.30nm、485.29nm、536.64nm、640.52nm。

4. 结束实验

关闭电源，拷贝数据，关闭电脑及CCD系统，拆卸光谱仪，所有元件恢复原状。

 注意事项

1. 高氯酸是无机强酸，具有强腐蚀性、强刺激性，可致人体烧伤，使用时需做好安全防护。
2. 激光直射人眼会对眼睛造成永久性伤害，操作时眼睛勿直视，并佩戴护目镜。
3. 实验所使用的玻璃器件易碎，小心操作并戴上手套防护。

 思考题

1. 在紫外-可见光谱仪中，为什么分光系统要使用光栅的一级衍射？
2. 在紫外-可见光谱仪的装配过程中，有哪些注意事项？
3. 除了本实验采用的方法外，还有哪些方法可以进行光谱仪的检定？

 参考文献

[1] Skoog D A, Holler F J, Crouch S R. Principles of Instrumental Analysis [M]. Stamford: Brooks/Cole, 2006.
[2] 唐胜君, 张志伟. 微型光纤光谱仪在紫外可见吸收测量中的应用 [J]. 现代科学仪器, 2007 (4): 121-122.

实验 45

激光拉曼光谱仪的设计、装配及乙醇拉曼光谱的测定

 实验目的

1. 了解激光拉曼光谱仪的原理和构成。
2. 掌握激光拉曼光谱仪的装配和调试方法。
3. 掌握激光拉曼光谱仪是否装配成功的验证方法。

实验原理

当频率为 v_I 的单色光照射到样品上时，散射光不发生频率改变的弹性散射光称为瑞利散射光，而由物质分子振动、转动及元激发所引起的散射光频率产生的几个到几千个波数位移的非弹性散射光则称为拉曼散射光。拉曼散射光本质上反映了分子振动、转动和元激发能级的信息，即它反映基态能级 E_0 与激发态 E_1、E_2 等之间的能级差 ΔE：

$$E_S = hv_S = E_I \pm \Delta E = h(v_I \pm \Delta v)$$

$$v_S = v_I \pm \Delta v$$

式中，E_I 为入射光子能量；E_S 为散射光子能量；v_I 为入射光频率；v_S 为散射光频率。不同物质具有其特征性的 ΔE，根据拉曼散射光的拉曼位移 Δv 就可以判断出被测物质分子所含有的化学键、基团等信息，从而对物质化学组成与分子结构进行有效判断，另外拉曼散射光谱具有无损、能在线监测等优点，还可对物质微观组成进行显微、成像等方面的测量。

在拉曼光谱的形成原理上搭建激光拉曼光谱仪，光谱仪由四部分构成：光源、样品池、光学系统、检测记录系统。一般采用激光作为激发光源，经聚焦后入射到样品表面，散射光分别由光学系统进行滤光和分光等后收集进入检测器，再由记录系统绘制获得拉曼光谱。其中光学系统为光谱仪的重要部分，也是本实验的重点和难点。因为拉曼散射光在频率上极为靠近瑞利散射光，且比瑞利散射光微弱得多（约为瑞利散射光的 $10^{-9} \sim 10^{-6}$ 倍），所以光路若没有实现高度准直，则无法获取拉曼光谱。

本实验主要使用固体激光器、显微物镜、二向色镜、凸透镜-凹面镜狭缝式共焦单元、光栅以及 CCD 检测器等来自主装配激光拉曼光谱仪（见图 2-16）。拉曼光谱仪初装完毕后用乙醇进行准直和标定，通过采谱软件获得乙醇的 CCD 像素图，精调优化光路，使得像素图的出峰位置、相对峰强等均与标准乙醇的拉曼频移一致，再标定像素点图和频移之间的换算关系，获得最终的乙醇拉曼光谱图。

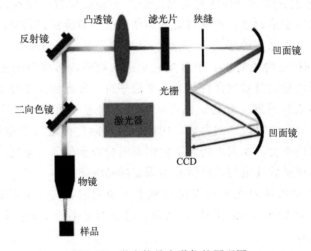

图 2-16 激光拉曼光谱仪的原理图

仪器及试剂

仪器：固体激光器（532nm），二向色镜，物镜（10X），样品池，反射镜，凸透镜，光学狭缝，滤波片，凹面镜（两个），光栅，CCD检测器，光学平台，U形底座，可调节支座，支杆，镜架，遮光板，装有win7/10操作系统的电脑等。

试剂：乙醇（AR）。

实验步骤

1. 激光拉曼光谱仪的初步装配

激光拉曼光谱仪的基本构造如图2-16，所有部件均安装在光学平台上，光路平面与光学底板平面保持平行，光路光束均需通过各光学元件的中心（经光栅分光后，光束应打在第二个凹面镜的边缘，使得该凹面镜可以接收到红移方向更宽的光谱。同理，光束也应该打在CCD的一端）。

① 组装实验平台，首先将仪器箱体垂直于水平面的4条铝型材，用螺丝固定在光学底板上，安装必要的面板使得带有狭缝安装孔的内隔板可以固定，并将狭缝竖直安装在内隔板上。将狭缝中心高度（距离光学底板理论值为105mm，因存在装配偏差故以操作中的实测值为准）所在水平面视为"工作平面"，并确保激光束以及所有光学元件的中心高度始终处于这一平面。

② 将各光学元件与其相对应的支撑套件组装在一起，形成套组。可将组装好的套组初步固定在将要安装CCD一侧的光学平板上，再按步骤逐个用螺丝安装在最终需要安装的位置，以免光学套组摔落致破损。

③ 将激光器光源套组固定在光学平板中间偏左（以操作者面向前侧板来划分前后左右）的位置，令激光出射方向水平向左。调节支杆，尽量使光路平面高度与狭缝中心高度一致，拧紧螺丝固定激光套组。打开激光电源，旋转安全钥匙，将电流调至约0.3~0.5A，确保可以看见光束但不至于太耀眼。

④ 将可调二向色镜套组固定在激光光源左侧约50mm位置，先通过改变二向色镜固定螺纹孔与镜架角度进行粗略调整，再通过旋转镜架上的调节旋钮进行精确调整，使激光照在二向色镜的正中，尽量确保与镜面成45°夹角，且反射光平行于桌面。

⑤ 沿反射光方向固定物镜套组，令激光完全进入物镜，形成会聚光，用一白纸确定焦点位置。物镜安装时注意镜身轴向保持与底板平面平行，聚光焦点在光轴前行方向上的成像面中心位置。将样品池架固定于此处。也可在焦点处固定一面额外的反光镜，令光原路返回，经物镜还原为平行光后穿过二向色镜，用纸片沿二向色镜之后的透射光光轴来回移动，观察光斑大小是否保持不变，如大小仍然变化则返回检查步骤③，重复步骤④和步骤⑤，直至光斑大小不变。为便于后续组装，可暂时不固定样品池架。

⑥ 沿穿过二向色镜的透射光方向固定可调平面镜套组，与二向色镜类似，通过调节，令透射光照在平面镜的正中，与镜面成45°夹角，且反射光平行于桌面射向右侧，尽量使光斑中心与狭缝中心重合。

⑦ 在平面镜与狭缝之间距狭缝中心100mm（凸透镜理论焦距）处，固定凸透镜套组，令激光从透镜中心垂直穿过，且焦点位置位于狭缝中心。用纸片观察狭缝前与狭缝后的光斑大小是否一致，在狭缝前后两侧各沿着光轴方向远离狭缝时光斑应逐渐增大，若不满足则重复步骤⑥和步骤⑦。

⑧ 沿狭缝右侧顺激光方向150mm（凹面镜理论焦距）处，固定一个不可调凹面镜套

组,调节令激光照在凹面镜的正中,与镜面法线成一小的夹角,通过纸片沿光路移动,观测光斑大小不变,使凹面镜反射光平行于桌面且近似于平行光。

⑨ 沿凹面镜反射光方向于合适位置安装光栅套组,调节令激光照在光栅的正中、反射光平行于桌面射向右侧,反复调节光栅与激光之间的夹角,并用纸片确定分光方向,直至得到较强的一级衍射(为方便观察,可用手机光源作为白光置于凹面镜位置,调节光栅角度直到得到较强的彩虹光斑)。调节使一级衍射光平行于桌面。

⑩ 在一级衍射光位置固定可调凹面镜套组,如果光栅的分光方向使红移光谱位于靠USB接口一侧,则应当令激光照在可调凹面镜靠开合门一侧的边缘,反之亦然。

⑪ 调整可调凹面镜套组的角度螺丝,使反射光平行于光学底板,焦斑处于光轴上。确定可调凹面镜反射光焦点位置,放置CCD检测器,CCD与可调凹面镜距离为150mm(凹面镜理论焦距)。

⑫ 反复调节可调凹面镜角度螺丝、CCD检测器偏转角度,可同时微移CCD检测器位置,使焦点聚焦在CCD感光面上。

⑬ 用USB线将CCD与电脑连接。将Edge滤光片套组固定于平面镜与凸透镜之间(凸透镜与狭缝之间亦可),确保激光垂直穿过滤光片中央。

⑭ 将样品池(比色皿)放入样品池架,固定样品架。组装好遮光系统其他侧板,合上盖板。

2. 激光拉曼光谱仪的准直及乙醇的拉曼光谱测定

① 在仪器完全遮光后采集背景噪声数据,并在扣除背景噪声的模式下进行后续测定。

② 将乙醇放入样品槽,盖上盖板,打开后侧板的开合门,用遮光布罩住仪器四周,从开合门处重复第1部分的步骤⑪和步骤⑫、第2部分步骤①,注意调整光路时确保遮光布遮严手臂及缝隙,防止杂散光过强导致的CCD饱和引起的信号溢出,同时结合改变采谱的软件积分时间等,先在像素区可观测范围内获得清晰可见的7个峰,再微调优化,使各峰相对强度与乙醇标准谱各峰的相对强度一致,完成光谱仪的准直。

③ 对照乙醇特征峰 $884cm^{-1}$、$1063cm^{-1}$、$1097cm^{-1}$、$1455cm^{-1}$、$2876cm^{-1}$、$2927cm^{-1}$、$2973cm^{-1}$ 七个峰的标准值,将实验所得CCD像素点图和标准乙醚拉曼波数值进行转换计算,获得每一像素点所对应的波数对应关系。

④ 将所得的乙醇像素图转为拉曼频移图,最终绘制出乙醇的强度-波数拉曼光谱图,完成光谱仪的标定。

3. 结束实验

关闭电源,拷贝数据,关闭CCD系统、采谱软件及电脑,拆卸光谱仪,所有元件恢复原状。

注意事项

1. 禁止直接用肉眼对准激光束及其反射光束,严禁佩戴任何有可能反射激光的镜面物品如手表等。

2. 禁止将易燃易爆物或低燃点物质暴露于激光下。

3. 佩戴相应激光波长的防护眼镜。

4. 佩戴防护手套摘取镜片,禁止将镜片直置于玻璃、金属或实验台上。

5. 使用吹气球去掉镜片、光栅表面的灰尘，禁止堆叠摆放镜片。

思考题

1. 如何设计光路来扩大拉曼频移的测试范围？

2. 分别指认乙醇的特征峰对应的分子振动模式，从分子简谐振动出发解释拉曼频移是由哪两个要素决定的。

参考文献

[1] 赵浩，郭鑫，吴忠云，等. 基于拉曼光谱仪搭建的项目式实验设计[J]. 实验技术与管理，2023，40（3）：201-205.

[2] 傅院霞，胡守彬，王莉，等. 可拆卸式光栅单色仪实验设计[J]. 巢湖学院学报，2023，25（6）：153-158.

第三部分

Origin在实验数据处理中的应用

Origin 软件是一款科学数据分析和绘图软件，被广泛应用于各种学科领域的数据分析和可视化。软件界面友好，可以通过菜单栏、工具栏和图形界面来操作，支持 Excel、CSV、TXT 等格式数据文件的读取和导入。它还提供了各种数据清洗和转换工具。

在数据分析方面，Origin 软件提供了丰富的功能和工具，可以进行描述性统计、假设检验、方差分析、回归分析、聚类分析等各种类型的统计分析和数据可视化。Origin 软件还具有高级的数据挖掘和预测模型功能，可以使用软件进行决策树分析、神经网络分析、贝叶斯网络分析等各种类型的数据挖掘和预测模型分析。在数据可视化方面，可以使用软件创建各种类型的图表，如散点图、柱状图、曲线图、3D 图等，支持多种图表和绘图样式，可以满足不同学科领域和研究需求的要求。

一、Origin 工作界面

打开 Origin 软件（以 OriginPro 2021 为例），其主要工具栏表示的内容如图 3-1 所示，包括菜单栏（包含数据绘图、数据分析、图例、文件创建保存、窗口排列等内容）、格式（快捷调整图形中文字的字体、颜色及粗细等）、工作表数据及数据筛选器（对数据工作表进行数学运算等）、工具栏（添加文本、线条、标注、插入公式、图形及工作表等）、项目管理器（包含创建的工作表及已绘制图形，双击即可查看对应信息）、2D 图形（绘制常见 2D 图形的快捷键）、3D 图形（绘制常见 3D 图形的快捷键）、屏蔽（对不需要的数据进行屏蔽）、旋转（对 3D 内容进行旋转操作）、刻度及图层（添加新刻度、图层组合及批量绘图等）、对象编辑（调整分布方式，包括水平分布、垂直分布等）、Apps 的添加及管理（添加单独应用并管理已添加应用）、画布（显示工作表数据及图形等）。

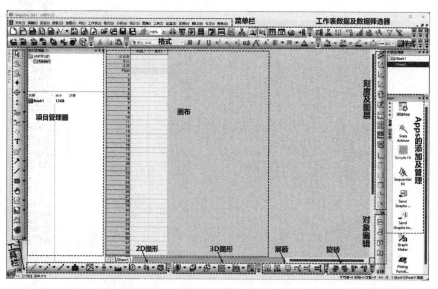

图 3-1 Origin 主要工具的介绍

Origin 为图形和数据分析提供工作簿窗口、图形窗口、矩阵簿窗口等多种子窗口类型，接下来对工作簿窗口和图形窗口分别进行介绍。

1. 工作簿窗口

工作簿窗口是 Origin 最基本的子窗口，其主要功能是存放和组织 Origin 中的数据，并利用这些数据进行导入、录入、转换、统计和分析，最终将这些数据用于作图。除特殊情况外，图形与数据具有一一对应的关系。

默认的工作簿标题是"Book1"，在标题栏中右击，在弹出的快捷菜单中选择"属性"命令，此时会弹出"窗口属性"对话框，见图3-2(a)。双击数据列的标题栏可以打开如图3-2(b)所示的"列属性"对话框。

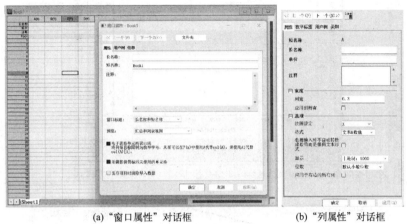

(a) "窗口属性"对话框　　　　　　(b) "列属性"对话框

图 3-2　工作簿窗口

2. 图形窗口

图形窗口是Origin中最为重要的窗口，相当于图形编辑器，可将实验数据转换为科学图形，并通过分析来构建和修改图形。图形窗口由一个或多个图层组成，默认的图形窗口为第一个图层。每个图形窗口都有一个编辑页面，作为图形绘制的背景。图形窗口的每个页面可以包含多个图层（至少包含一个图）、多个坐标轴、注释、数据标签和其他图形对象。图3-3显示了一个具有两个图层的典型图形窗口。

单层图由X轴、Y轴、一个或多个数据图以及相关文本和图形元素组成，一个图可能包含多个图层。一个典型的图层由三个元素组成：坐标轴、数据图和相应的文本或图标。图层之间可以相互链接，便于管理。用户可以移动坐标轴和图层并调整它们的大小。如果图形页面包含多个图层，页面窗口中的操作仅适用于活动图层。

绘制图形的过程可分为两种：先选择数据，然后执行绘图命令；或先执行绘图命令，然后选择数据。

① 利用工作表数据绘图

a. 导入数据，设置列类型；

b. 选择数据列；

c. 选择菜单栏（工具栏）相应绘图模板。

② 利用图表绘制对话框绘图

a. 可忽略工作表中数据列类型，为其重新指定列类型；

b. 可从多个工作簿、工作表、数据列中选取数据绘图。

Origin中有许多不同形式的图表，但最基本的三种是点、线和条形图。在一个图表中，每个数据点可以对应一个或多个坐标轴系统。

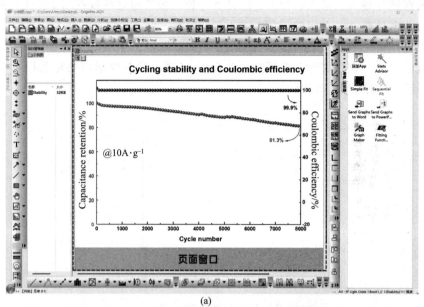

(a)

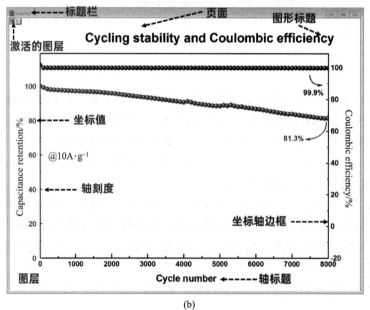

(b)

图 3-3　图形窗口

二、Origin 基本操作

1. 操作流程

① 新建图：点击新建图图标（图 3-4），弹出一个新的坐标系（底层为画布，中间层为坐标系，顶层为图线）。

② 文字输入（图 3-4）。

③ 箭头绘制（图 3-4）。

④ 新建图表选择：可在菜单栏选择新建的类型以及图表绘制的类型（图 3-5）。

第三部分　Origin 在实验数据处理中的应用　**151**

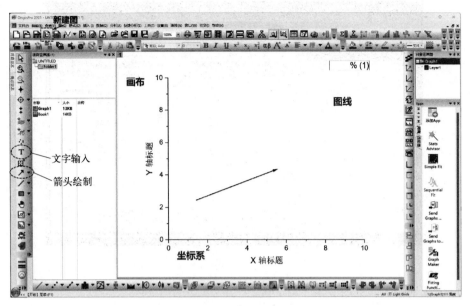

图 3-4　新建图

2. 实例讲解

以绘制散点图为例，接下来对绘图过程进行介绍。

① 创建空白工作簿（Blank Workbook），如图 3-6 所示。

图 3-5　新建图表

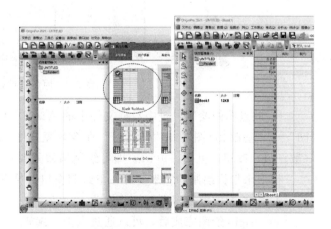

图 3-6　创建空白工作簿

② 将数据导入工作簿：将 Excel 或者 TXT 里的数据导入工作簿，复制粘贴，修改名称并写上单位（图 3-7）。

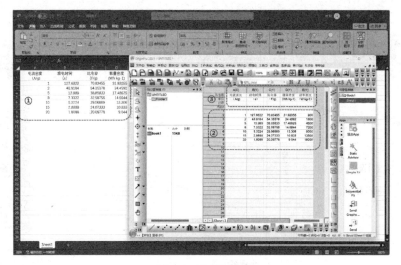

图 3-7　数据导入

③ 原始数据输入：见图 3-8。

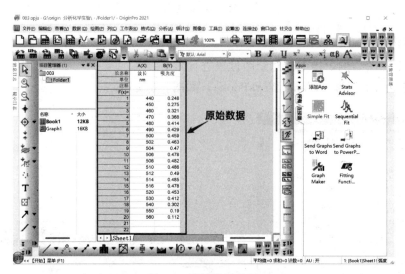

图 3-8　原始数据输入

④ 散点图的绘制：选中数据文件中的 A（X）和 B（Y）数据列，执行菜单栏中的"绘图"→"基础 2D 图"→"散点图"命令，见图 3-9(a)；或者单击"2D 图形"工具栏中的（散点图）按钮，见图 3-9(b)，即可绘制出如图 3-10 所示的散点图。

接下来根据绘制的图来复习一下绘制窗口，见图 3-11。

⑤ 对绘制的散点图进行细节修改。

⑥ Origin 绘图完成后，可以通过点击"编辑"→"复制页面"，然后粘贴到 Word 文档或者 PPT 中，并且这种粘贴的格式可以在 Office 软件中通过鼠标双击打开 Origin 软件对图进行编辑（图 3-12）。

⑦ 导出图片：在"文件"中选择"导出图形"，继续点击"打开对话框"，选择 tiff 图像类型（科研绘图常用图像类型），设置文件名以及保存路径，图像设置选择分辨率，点击"确定"，图片导出完毕（图 3-13）。

第三部分 Origin 在实验数据处理中的应用 153

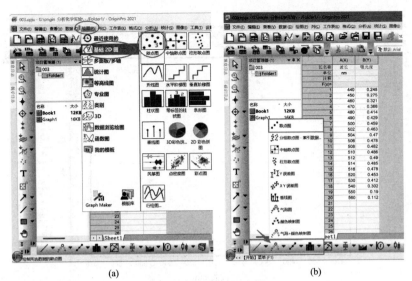

(a)　　　　　　　　　　　　　　(b)

图 3-9　散点图的绘制

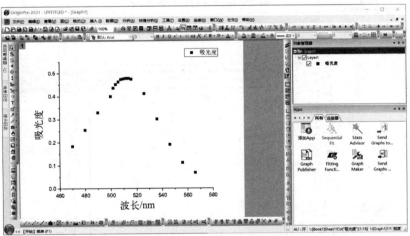

图 3-10　散点图

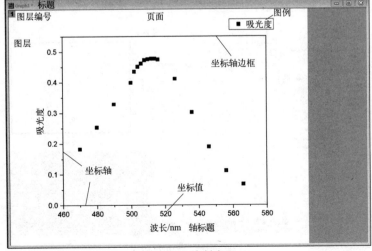

图 3-11　绘制窗口

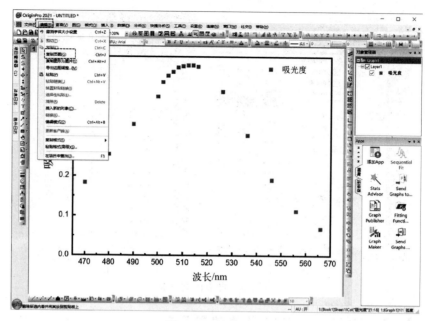

图 3-12 复制页面

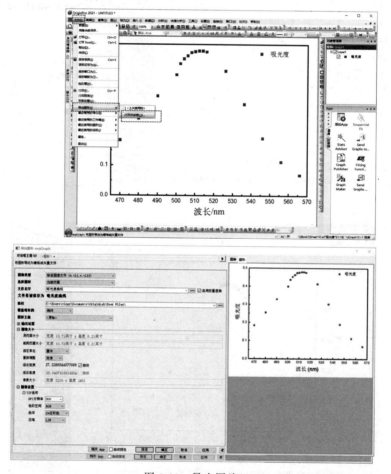

图 3-13 导出图片

提问1：如何获得一个封闭式的坐标？

以添加顶部（Top）坐标为例：

① 鼠标对准任何一个存在的边框，选中后双击就会弹出如图3-14所示对话框。

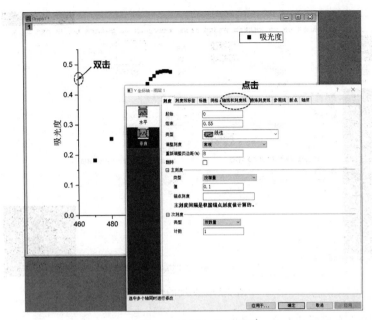

图3-14 绘制细节对话框

② 选择轴线与刻度线。

③ 点选左侧选项里面的上轴，勾选显示轴线和刻度线。

④ 在右侧的主刻度和次刻度里选择不显示主要标尺和副标尺（图3-15）。

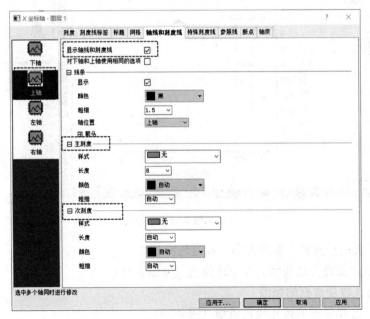

图3-15 轴线与刻度线的修改

提问 2：怎样改变横纵坐标的刻度量程？

双击横纵坐标的刻度，如图 3-16 所示，修改起始/结束量程，然后修改主刻度增量，再点击确定。

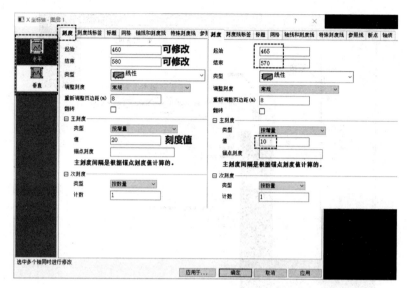

图 3-16　刻度的修改

提问 3：怎样改变横纵坐标的字号？

见图 3-17。

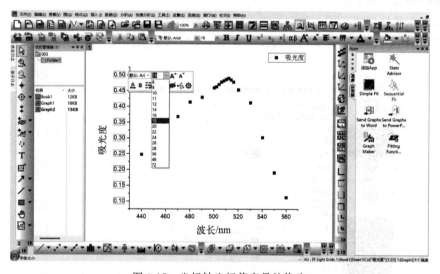

图 3-17　坐标轴坐标值字号的修改

提问 4：怎么改变线粗（散点大小）和颜色？

先选中曲线，选择合适线宽、大小或颜色（见图 3-18）。

提问 5：怎么改变边框的粗细？

单击边框，选择合适的边框线宽粗细（图 3-19）。

提问 6：如何改变画布及图片大小？

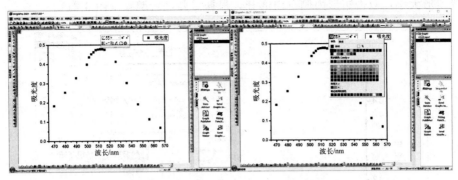

图 3-18　点/线粗细、大小和颜色的修改

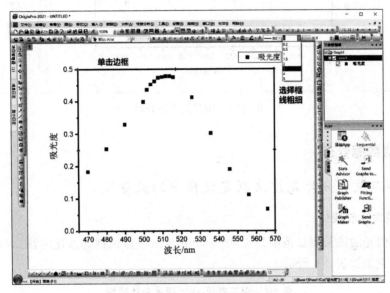

图 3-19　边框线宽粗细的修改

改变画布的尺寸：双击矩形外侧的空白部分，根据需要进行调整即可（见图 3-20）。

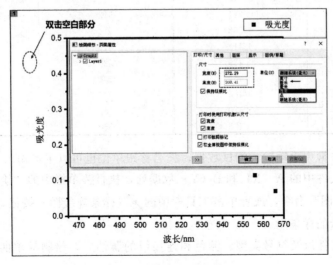

图 3-20　画布尺寸的修改

改变图形大小：双击矩形内侧空白部分，根据需要进行调整（图 3-21）。

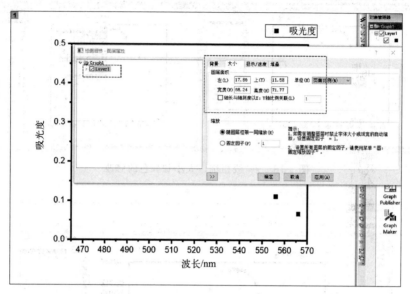

图 3-21　图片大小的修改

三、实验数据处理

（一）邻二氮菲分光光度法测定试样中的微量铁

1. 确定最大吸收波长

此次实验的光的波长测量范围是 450～580nm。以空白试剂为参比溶液，扫描得到吸收曲线，A 与 λ 关系如表 3-1 所示。

表 3-1　邻二氮菲-Fe^{2+} 吸收曲线数据

λ/nm	A	λ/nm	A
440	0.248	508	0.482
450	0.275	510	0.486
460	0.321	512	0.490
470	0.368	514	0.485
480	0.414	516	0.478
490	0.429	520	0.453
500	0.459	530	0.412
502	0.463	540	0.302
504	0.470	550	0.190
506	0.478	560	0.112

① 在空白工作簿中手动输入测试数据，长名称跟单位也可以手动输入（图 3-22）。
② 选中数据文件中的 A（X）和 B（Y）数据列，执行菜单栏中的"绘图"→"基础 2D 图"→"样条连接图"命令，或者单击工具栏中的 ![icon] （样条连接图）按钮，即可利用模板绘制出如图 3-23 所示的样条图。
③ 设置坐标属性以及符号类型、颜色和连接线的属性后，绘制的单曲线点线图如图 3-24 所示。

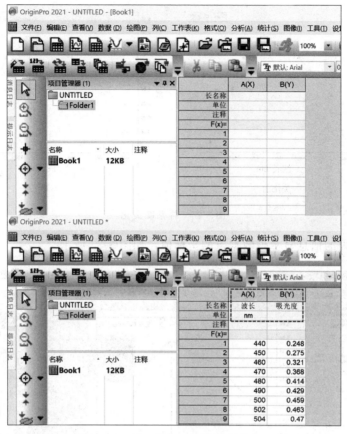

图 3-22 导入数据（修改名称单位）

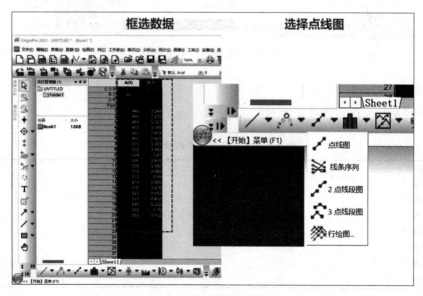

图 3-23 绘制样条图

④ 如果需要在数据点标明坐标值，单击绘图区左侧工具栏中的 ⊞ （标注）按钮，此时在图形窗口中会出现"数据信息"提示框，在数据点符号上单击，此时会出现十字光标方

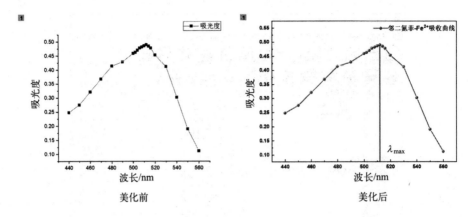

美化前　　　　　　　　　　　　　美化后

图 3-24　样条图美化

框，同时提示框内的信息显示该数据点的坐标值，如图 3-25 所示。

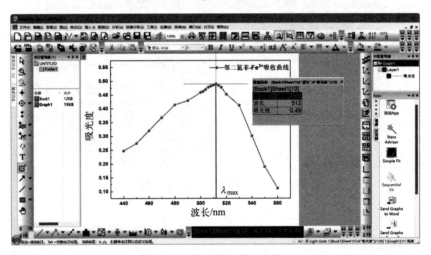

图 3-25　特殊点标明坐标值

2. 标准曲线的绘制

标准曲线绘制的样品数据见表 3-2。

表 3-2　标准曲线绘制的样品数据

编号	V/mL	$c(Fe)/(mg \cdot mL^{-1})$	A
标样 1	2.0	0.0008	0.147
标样 2	4.0	0.0016	0.295
标样 3	6.0	0.0024	0.455
标样 4	8.0	0.0032	0.581
标样 5	10.0	0.0040	0.701
试样 1	0.359	530	0.412
试样 1	0.361	540	0.302

① 在空白工作簿中手动输入实验测试数据，长名称跟单位也可以手动输入。

② 选中数据文件中的 A（X）和 B（Y）数据列，执行菜单栏中的"绘图"→"基础 2D 图"→"散点图"命令，或者单击"2D 图形"工具栏中的 ⣀（散点图）按钮，即可绘制出如

图 3-26 所示的散点图。

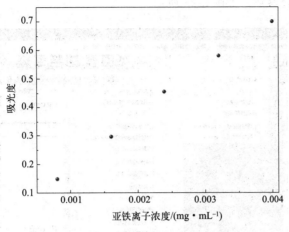

图 3-26 散点图绘制

③ 对散点图进行美化（图 3-27）。

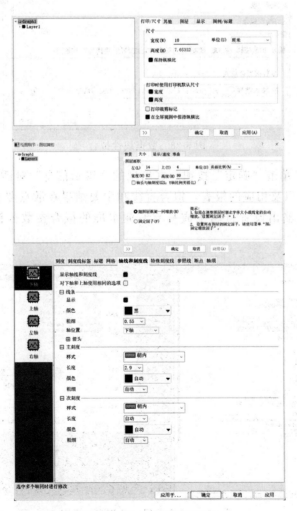

图 3-27 美化散点图

④ 执行菜单栏中的"分析"→"拟合"→"线性拟合"命令,在弹出的"线性拟合"对话框中设置相关拟合参数,如图3-28所示。

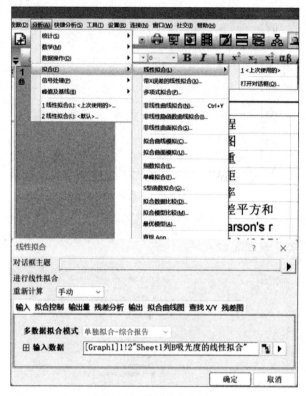

图 3-28 数据线性拟合

⑤ 设置完成后,单击"确定"按钮,在出现的"提示信息"对话框中单击"确定"按钮即可生成拟合曲线以及相应的报表,拟合直线和主要结果在散点图上给出,如图3-29所示。与此同时,根据输出设置自动生成具有专业水准的拟合参数分析报表和拟合数据工作表。

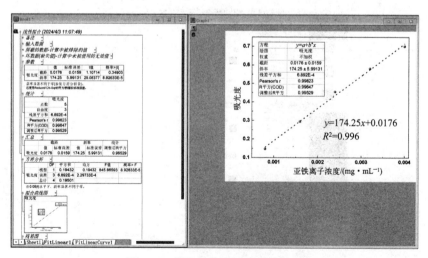

图 3-29 拟合曲线以及相应的报表

3. 待测样品的吸光度值

① 计算吸光度 A 的平均值、标准偏差和相对标准偏差。

② 将 A 的平均值带入已求得的回归方程中，得到相对应的浓度 c'。

③ 待测溶液浓度 $c = c' \times$ 稀释倍数，即求得样品中铁的含量。

（二）电位滴定法测定弱酸的解离常数

相关实验数据见表 3-3。

表 3-3　NaOH 标准溶液体积消耗实验数据记录

V/mL	pH	V/mL	pH	V/mL	pH
0.00	2.87	18.00	5.71	20.03	9.42
2.00	3.81	18.50	5.85	20.04	9.70
4.00	4.16	19.00	6.03	20.06	10.00
6.00	4.39	19.50	6.34	20.11	10.35
8.00	4.58	19.70	6.56	20.21	10.67
10.00	4.76	19.80	6.73	20.41	10.98
12.00	4.93	19.90	7.01	20.91	11.33
13.00	5.03	19.95	7.26	21.41	11.52
14.00	5.12	19.97	7.42	21.91	11.65
15.00	5.23	19.98	7.52	22.91	11.82
16.00	5.36	19.99	7.66	23.91	11.94
16.50	5.43	20.00	7.85	25.91	12.10
17.00	5.51	20.01	8.16	27.91	12.21
17.50	5.60	20.02	8.80		

① 在空白工作簿中手动输入实验测试数据，长名称和单位也可以手动输入（图 3-30）。

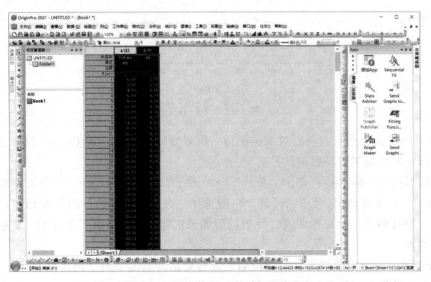

图 3-30　导入数据（修改名称单位）

② 选中数据文件中的 A（X）和 B（Y）数据列，执行菜单栏中的"绘图"→"基础 2D 图"→"点线图"命令，或者单击工具栏中的 ![icon] （点线图）按钮，即可利用模板绘制出如图 3-31 所示的点线图。

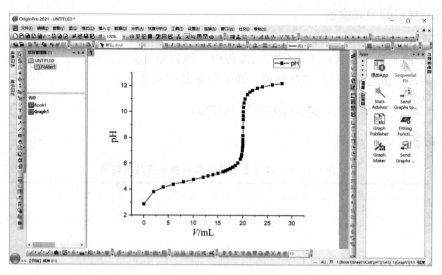

图 3-31　点线图的绘制

③ 对滴定曲线进行美化（图 3-32）。

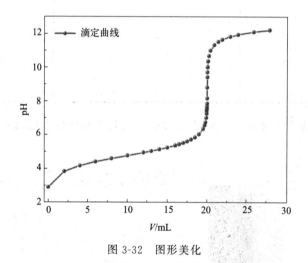

图 3-32　图形美化

④ 在处理实验数据时，需要对数据进行一阶导数的计算，利用 Origin 会很方便地对大量数据进行一阶甚至多阶导数的计算。

对该图形进行一阶求导：点击"分析"→"数学"→"微分"→"打开对话框…"，如图 3-33 所示，打开对话框；"重新计算"一般选择"自动"，"导数的阶"选择"1"，然后点击"OK"，即可得到一阶导数曲线。导数的阶如果选择 2，则是求二阶导数，3 是求三阶导数，以此类推。

⑤ 分别对一阶微商曲线和二阶微商曲线进行美化，如图 3-34、图 3-35 所示。

最终实验数据处理结果如图 3-36 所示。

（三）循环伏安（CV）曲线数据处理

循环伏安法（cyclic voltammetry，CV）是一种研究电极/电解液界面上电化学反应行为-速度-控制步骤的技术手段，其广泛应用于能源、化工、冶金、金属腐蚀与防护、环境科

第三部分 Origin 在实验数据处理中的应用 **165**

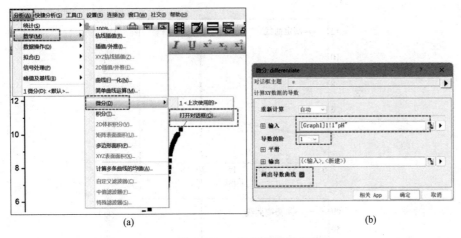

图 3-33 一阶导数设置步骤

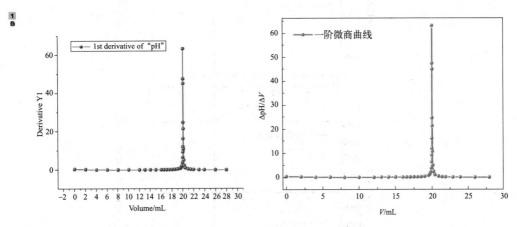

图 3-34 一阶微商曲线绘制与美化

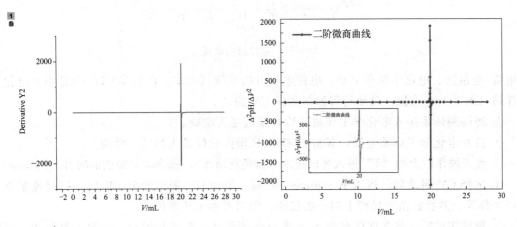

图 3-35 二阶微商曲线绘制与美化

学、生命科学等众多领域。而在 CV 测试过程中，使用较多的是三电极系统，包含了工作电极（WE）、参比电极（RE）和对电极（CE）。CV 曲线一般通过电化学工作站测试得到。除了测量 CV 曲线，电化学工作站还可以实现线性扫描伏安法、阶梯波伏安法、Tafel 图、计

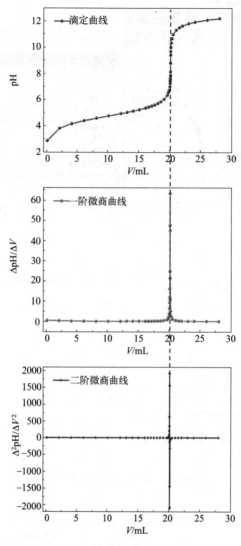

图 3-36 电位滴定曲线

时电流/电量法、电化学噪声测量、电位溶出分析等测试需求。以辰华 CHI660E 系列电化学工作站（图 3-37）为例，简要讲解如何测试 CV 曲线。

① 将待测体系接入电化学工作站，检查接线是否准确。

② 打开电化学工作站电源，双击 CHI660E 操作软件进入测试主界面。

③ 点击操作栏上的"T"进入测试技术（蓝色框所示），选择需要测试的项目（图 3-38）。

④ 选择 CV 测试后，进入 Parameters 界面，修改 CV 测试的电压窗口、扫描速率以及循环次数等。然后点击工具栏上的开始按钮，即可开始 CV 测试。

⑤ 测试完成后，将文件保存为 .csv 或 .txt 等格式，即可利用 Origin 等工具作图，得到对应的 CV 曲线。

⑥ 用 Origin 软件打开保存的 .txt 原始数据，选择电压和电流数据，以电压为横坐标、电流为纵坐标，即可得到对应的 CV 曲线。同时也可以把几条 CV 曲线的数据同时导入到 Origin 软件的工作簿中。绘图过程见图 3-39～图 3-42。

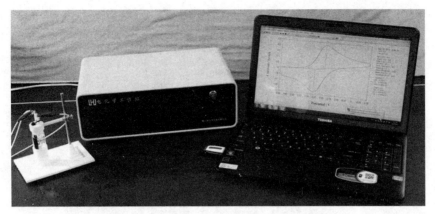

图 3-37 辰华 CHI660E 系列电化学工作站

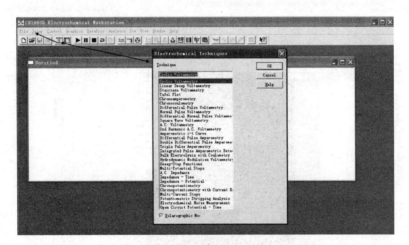

图 3-38 测试技术选择

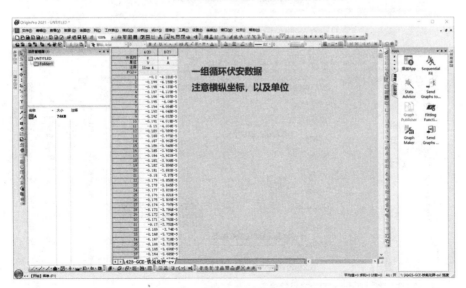

图 3-39 导入一组循环伏安数据

图 3-40　导入多组循环伏安数据

图 3-41　设置多组数据的横纵坐标

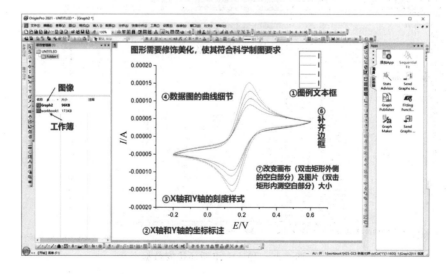

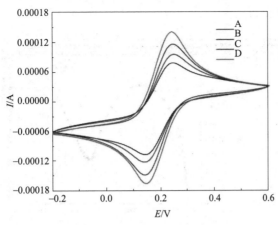

图 3-42 图形进行修饰美化并导出

（四）电化学交流阻抗谱（EIS）——奈奎斯特图（Nyquist plot）

电化学阻抗谱（electrochemical impedance spectroscopy，简写为 EIS）又叫交流阻抗谱，在电化学工作站测试中称为交流阻抗（AC impedance）。常见的电化学阻抗谱有两种：一种称为奈奎斯特图（Nyquist plot），一种称为波特图（Bode plot）。

① CHI660E 测试之后导出的数据，一般由 ZView 电化学阻抗分析软件进行快速拟合，然后导出并保存数据为 .dat 格式。

② 导入到 Origin 里面（图 3-43），选中最后两列（拟合数据），绘制点线图，修改标

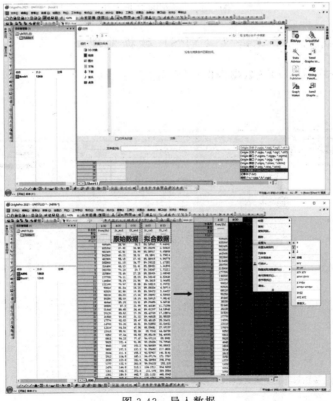

图 3-43 导入数据

题，简单美化即可（图 3-44）。

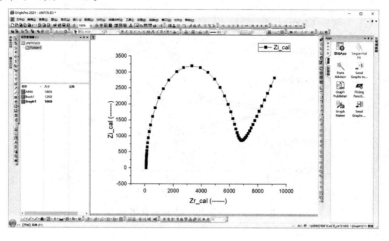

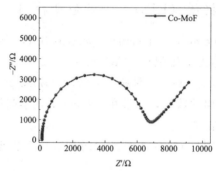

图 3-44　绘制图形并美化

（五）X 射线光电子能谱仪（XPS）数据处理

以一个已经分峰后的 XPS 数据为例（Co 2p）。

① 导入数据，见图 3-45。

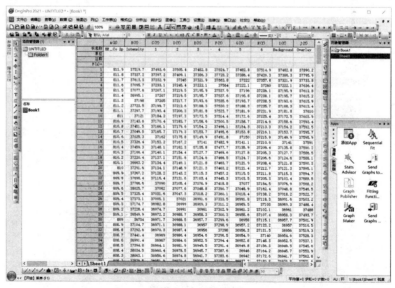

图 3-45　导入数据

② 选中前两列数据，绘制散点图（图 3-46）。

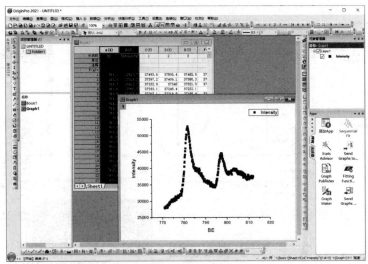

图 3-46　绘制散点图

③ 修改图中 X 轴的刻度（XPS 通常横坐标结合能从左到右，数据从大到小）。修改完横坐标之后，双击数据图的散点，在弹出的"绘图细节"→"绘图属性"对话框中，修改散点的符号类型、颜色、边缘厚度，然后点击确认（图 3-47）。

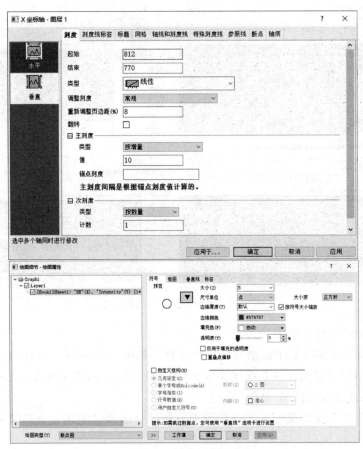

图 3-47　修改绘图细节

④ 然后加入其他分峰的线，双击图层1，弹出图层内容对话框（图3-48）。

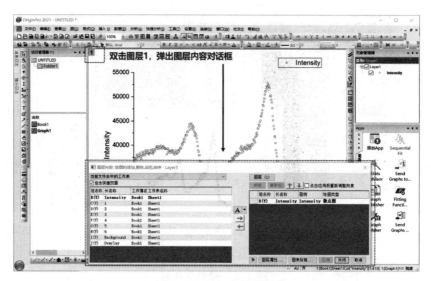

图 3-48　添加曲线步骤

⑤ 选中其他的数据，添加为折线图，然后点击"确定"（图3-49）。

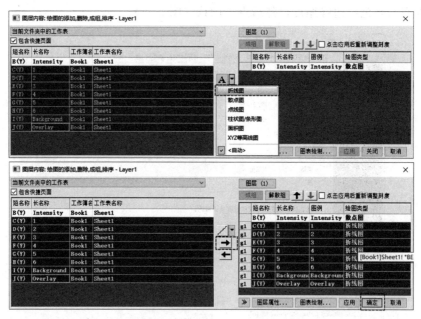

图 3-49　添加新的曲线为折线图

⑥ 对图形进行美化（图3-50）。

⑦ 还可以进一步对线条下面填充，进行美化。如图3-51所示，双击线条6→勾选"填充曲线之下的区域"［填充区域是曲线6与下方的"Background"（基线）之间的区域］→选择"填充两条曲线之间的区域-单色"。

⑧ 双击线条6下面的黑色区域→绘图细节窗口→选择"图案"→对填充细节进行修饰（图3-52）。

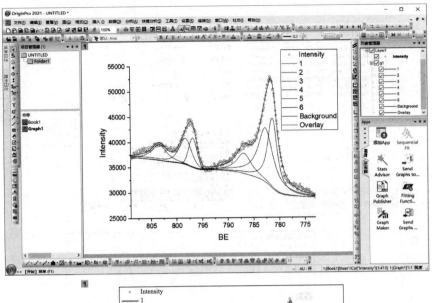

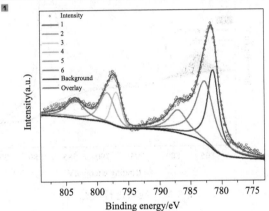

图 3-50　添加曲线步骤

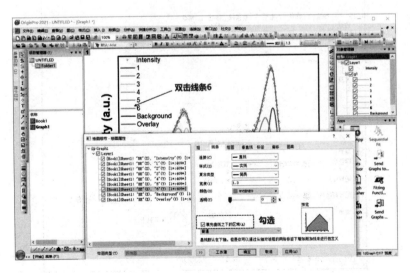

图 3-51

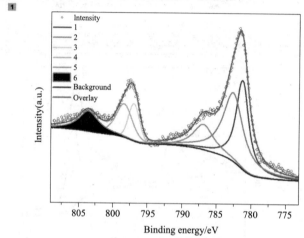

图 3-51 线条进行填充

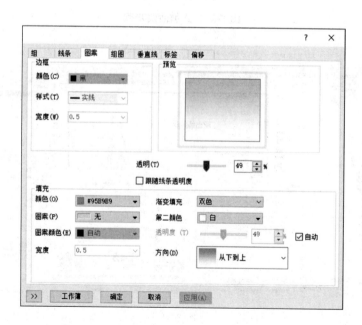

⑨ 接下来双击线条 5，重复上述操作，这时填充区域是线条 5 与线条 6 之间的区域，不

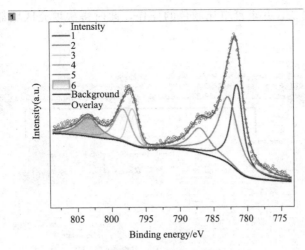

图 3-52　填充色彩的优化

是线条 5 与基线之间的区域。填充颜色会对前一步的填充颜色有影响。这时双击图层 1，弹出图层内容对话框，增加五条基线线条，放置在线条 1 到线条 5 下方（图 3-53）。

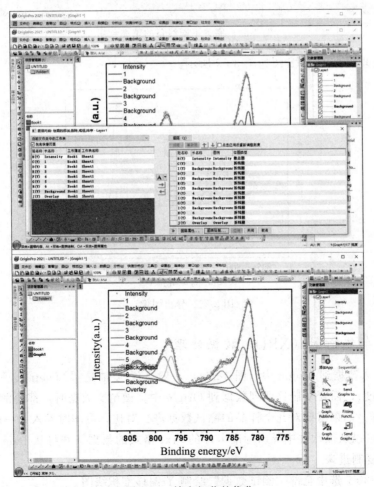

图 3-53　填充细节的优化

⑩ 接下来双击线条，并重复填充颜色的操作，此时每次填充区域都是线条与基线之间的填充（图3-54）。

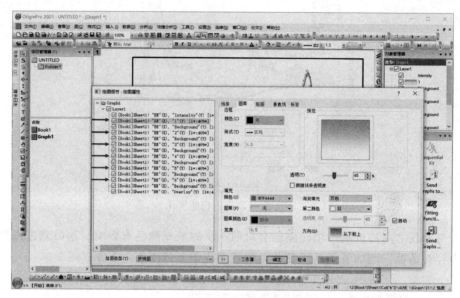

图 3-54　完善不同线条的填充色彩

⑪ 最后处理得到的 XPS 图如图 3-55 所示。

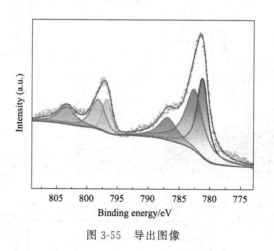

图 3-55　导出图像

（六）X 射线衍射（XRD）数据处理

① 首先导入数据到 Origin 中（图 3-56），一般来说 X 轴是 "2Theta"、Y 轴是 "Intensity"（相对强度），需要复制这两列数据到 Origin 中。做论文数据时，都会测试一个样品系列的 XRD 数据。如果需要对几个样品的测试数据进行对比，可同时导入。一般使用 Jade 进行物相分析，可以从该软件中导出标准卡片的 .txt 格式的数据。并将从 Jade 中得到的标准卡片数据一并复制进来。

② 按照图 3-57 选中全部 "测试数据" 绘制 Y 偏移堆积线图。

③ 在 Graph 1 界面上，添加新的图层 2→选择 "右-Y 轴（关联 X 轴的刻度和尺寸）"。

第三部分　Origin 在实验数据处理中的应用　177

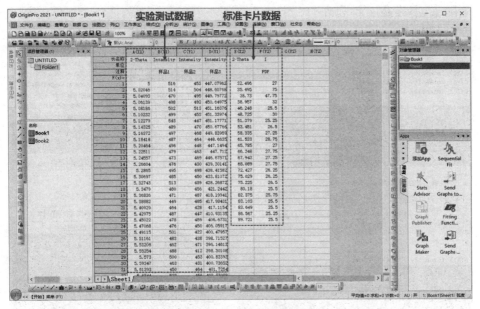

图 3-56　导入数据

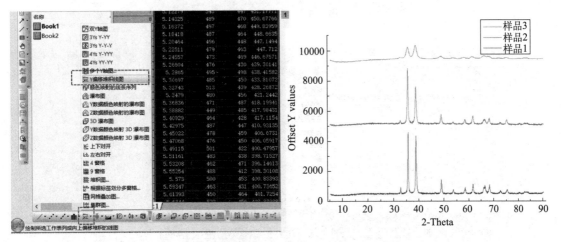

图 3-57　绘制 Y 方向堆积线图

按照图 3-58，为图层 2 添加数据列→勾选"点击应用后重新调整刻度"。

④ 点击"确认"之后，图中出现折线。此时，折线是属于图层 2 的。图层 1 和图层 2 的数据可以独立设置绘图细节。单击"折线图"→线条宽度修改为"0"→点击"垂直线"，勾选"垂直"，修改线宽为 3（图 3-59）。

⑤ 完成设置之后，效果如图 3-60 所示。要注意：上下坐标数值对齐（分别设置上下横坐标的刻度范围）；将各个谱线调整到合适的位置（合理调整左右纵坐标的刻度范围）。

（七）利用软件的绘图示例作为模板绘图

从软件菜单栏的"帮助"→"Learning Center"可以直接看到不同图形和数据分析的应用案例。选择需要的类型，点击"确定"，便可打开对应的案例数据及操作指引。

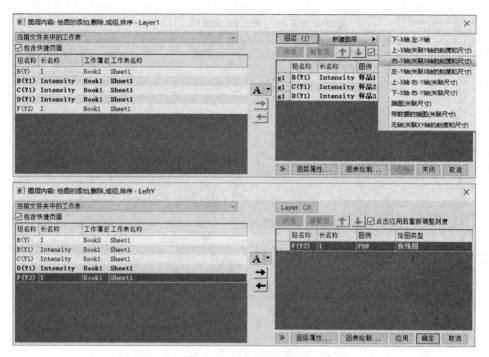

图 3-58 添加新的图层

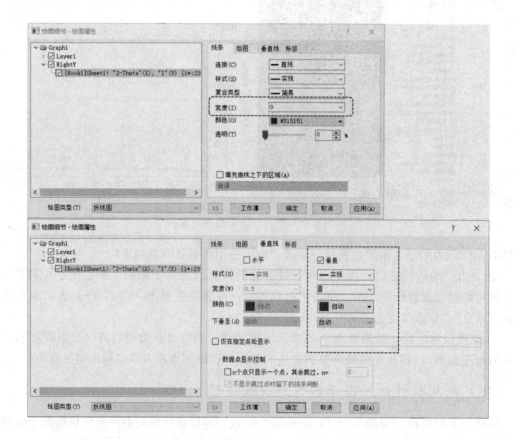

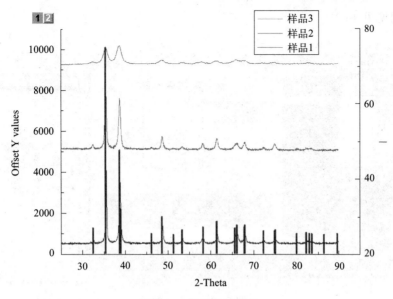

图 3-59　设置绘图细节

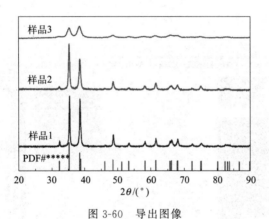

图 3-60　导出图像

绘图示例见图 3-61。

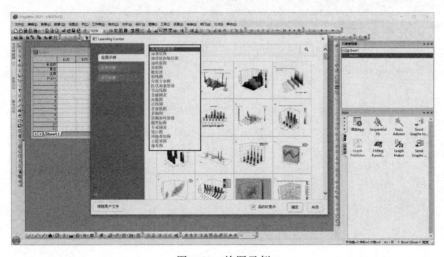

图 3-61　绘图示例

分析示例见图 3-62。

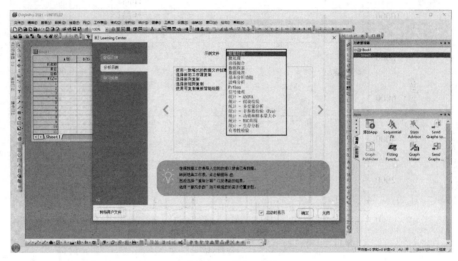

图 3-62　分析示例

学习资源见图 3-63。

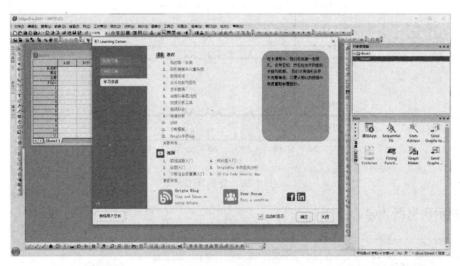

图 3-63　学习资源